Bibliothek des Radio-Amateurs 20. Band

Herausgegeben von Dr. Eugen Nesper

Lautsprecher

Von

Dr. Eugen Nesper

Mit 159 Textabbildungen

Berlin

Verlag von Julius Springer

1925

ISBN 978-3-642-51211-7 ISBN 978-3-642-51330-5 (eBook)
DOI 10.1007/978-3-642-51330-5

Dem Pionier

der drahtlosen Technik

Herrn **Dr. Georg Seibt**

Zur Einführung der Bibliothek des Radioamateurs.

Schon vor der Radioamateurbewegung hat es technische und sportliche Bestrebungen gegeben, die schnell in breite Volksschichten eindrangen; sie alle übertrifft heute bereits an Umfang und an Intensität die Beschäftigung mit der Radiotelephonie.

Die Gründe hierfür sind mannigfaltig. Andere technische Betätigungen erfordern nicht unerhebliche Voraussetzungen. Wer z. B. eine kleine Dampfmaschine selbst bauen will — was vor zwanzig Jahren eine Lieblingsbeschäftigung technisch begabter Schüler war — benötigt einerseits viele Werkzeuge und Einrichtungen, muß andererseits aber auch ein guter Mechaniker sein, um eine brauchbare Maschine zu erhalten. Auch der Bau von Funkeninduktoren oder Elektrisiermaschinen, gleichfalls eine Lieblingsbetätigung in früheren Jahrzehnten, erfordert manche Fabrikationseinrichtung und entsprechende Geschicklichkeit.

Die meisten dieser Schwierigkeiten entfallen bei der Beschäftigung mit einfachen Versuchen der Radiotelephonie. Schon mit manchem in jedem Haushalt vorhandenen Altgegenstand lassen sich ohne besondere Geschicklichkeit Empfangsresultate erzielen. Der Bau eines Kristalldetektorenempfängers ist weder schwierig noch teuer, und bereits mit ihm erreicht man ein Ergebnis, das auf jeden Laien, der seine ersten radiotelephonischen Versuche unternimmt, gleichmäßig überwältigend wirkt: Fast frei von irdischen Entfernungen, ist er in der Lage, aus dem Raum heraus Energie in Form von Signalen, von Musik, Gesang usw. aufzunehmen.

Kaum einer, der so mit einfachen Hilfsmitteln angefangen hat, wird von der Beschäftigung mit der Radiotelephonie loskommen. Er wird versuchen, seine Kenntnisse und seine Apparatur zu verbessern, er wird immer bessere und hochwertigere Schaltungen ausprobieren, um immer vollkommener die aus dem Raum kommenden Wellen aufzunehmen und damit den Raum zu beherrschen.

Diese neuen Freunde der Technik, die „Radioamateure", haben in den meisten großzügig organisierten Ländern die Unterstützung weitvorausschauender Politiker und Staatsmänner gefunden unter dem Eindruck des universellen Gedankens, den das Wort „Radio" in allen Ländern auslöst. In anderen Ländern hat man den Radioamateur geduldet, in ganz wenigen ist er zunächst als staatsgefährlich bekämpft worden. Aber auch in diesen Ländern ist bereits abzusehen, daß er in seinen Arbeiten künftighin nicht beschränkt werden darf.

Wenn man auf der einen Seite dem Radioamateur das Recht seiner Existenz erteilt, so muß naturgemäß andererseits von ihm verlangt werden, daß er die staatliche Ordnung nicht gefährdet.

Der Radioamateur muß technisch und physikalisch die Materie beherrschen, muß also weitgehendst in das Verständnis von Theorie und Praxis eindringen.

Hier setzt nun neben der schon bestehenden und täglich neu aufschießenden, in ihrem Wert recht verschiedenen Buch- und Broschürenliteratur die „Bibliothek des Radioamateurs" ein. In knappen, zwanglosen und billigen Bändchen wird sie allmählich alle Spezialgebiete, die den Radioamateur angehen, von hervorragenden Fachleuten behandeln lassen. Die Koppelung der Bändchen untereinander ist extrem lose: jedes kann ohne die anderen bezogen werden, und jedes ist ohne die anderen verständlich.

Die Vorteile dieses Verfahrens liegen nach diesen Ausführungen klar zutage: Billigkeit und die Möglichkeit, die Bibliothek jederzeit auf dem Stande der Erkenntnis und Technik zu erhalten. In universeller gehaltenen Bändchen werden eingehend die theoretischen Fragen geklärt.

Kaum je zuvor haben Interessenten einen solchen Anteil an literarischen Dingen genommen, wie bei der Radioamateurbewegung. Alles, was über das Radioamateurwesen veröffentlicht wird, erfährt eine scharfe Kritik. Diese kann uns nur erwünscht sein, da wir lediglich das Bestreben haben, die Kenntnis der Radiodinge breiten Volksschichten zu vermitteln. Wir bitten daher um strenge Durchsicht und Mitteilung aller Fehler und Wünsche.

Dr. Eugen Nesper.

Vorwort zum Buch „Lautsprecher“.

Obwohl bisher in künstlerischer Beziehung der Radiotelephonieempfang mit Kopfhörer kaum oder wenigstens nur in seltenen Fällen durch den Lautsprecher ersetzt werden kann, spielt der Lautsprecher doch mehr und mehr eine Rolle, insofern, als es erwünscht ist, die Rundfunkdarbietungen objektiv meistens auch einem größeren Hörerkreise nutzbar zu machen. Es kommt hinzu, daß für manche Personen namentlich die längere Benutzung eines Kopfhörers korperlich unbequem ist.

Diese Bestrebungen werden noch dadurch unterstützt, daß die Radiotelephoniesender mehr und mehr ihre ausgestrahlte Energie vergrößern und ihre technischen Einrichtungen verbessern, so daß ein, mindestens was Lautstärke anbelangt, befriedigender Lautsprecherempfang mit verhältnismäßig geringen Empfangs- und sonstigen Verstärkungsmitteln gewährleistet ist.

Es ist zu erwarten, daß auch in Deutschland die Zahl der Lautsprecher aus diesem Grunde rasch zunehmen wird. In Amerika hat sich, der historischen Entwicklung folgend, eine besondere Lautsprecherindustrie entwickelt. Zahlreiche Erfinder sind auf diesem Gebiete tätig. Im Jahre 1924 sollen beim U. S.-Patentamt nicht weniger als 6000 Lautsprecheranmeldungen eingegangen sein!

Im großen und ganzen sind die Konstruktionen und Ausführungen einander recht ähnlich. Es gibt indessen doch schon verschiedene Kategorien von Lautsprechern, die im nachstehenden geschildert werden. Anordnungen, welche nach dem heutigen Stande und nach der vorauszusehenden Entwicklung recht aussichtslos zu sein scheinen, wie z. B. der piezo-elektrische Lautsprecher, sind nicht beschrieben.

Infolge der vielfach nicht allzu großen Verschiedenheit der Ideen, aber auch der Ausführungen wird naturgemäß von manchen Firmen eine gewisse Geheimnistuerei für zweckmäßig erachtet. Nach Möglichkeit wurde der Schleier dieser „Geheimnisse“ gelüftet und die Konstruktionen, mindestens soweit sie technisches Interesse verdienen, abgebildet und beschrieben.

Im Gegensatz hierzu wurde von nordamerikanischen Firmen in entgegenkommendster Weise durch freundliche Vermittlung des Herrn H. Gernsback, Chefredakteur der „Radio-News", sowie durch Herrn A. P. Mathesius Material zur Verfügung gestellt. Auch an dieser Stelle möchte ich den Genannten und den betreffenden Firmen meinen verbindlichsten Dank aussprechen.

Es sind in dem Buche fernerhin u. a. noch Zubehörteile, Kraftverstärker sowie sonstige Dinge besprochen, welche im Zusammenhang mit dem Lautsprecherempfang stehen.

Außerdem sind in einem besonderen Kapitel wesentliche Gesichtspunkte erörtert für die Selbstherstellung von Lautsprechern. Es sind auch einige derartige Lautsprecher, welche nach verschiedenen Anordnungen arbeiten, wiedergegeben.

Die bisher über Lautsprecher erschienene Literatur ist außerordentlich gering und bis auf wenige Ausnahmen kaum beachtenswert. Wenn ich daher den Versuch unternehme, zum ersten Male auch dieses Gebiet literarisch zu bearbeiten, so bin ich mir klar darüber, daß Mängel vorhanden sein werden! Ich bitte daher, mich für evtl. Neuauflagen durch frdl. Zuschriften, Hinweise, Materialübersendungen usw. unterstützen zu wollen.

Berlin, August 1925.

Dr. **Eugen Nesper.**

Inhaltsverzeichnis.

Seite

1. Allgemeine Anforderungen an Lautsprecher 1
   A. Allgemeines 1
   B. Prinzipanordnung des Lautsprechers 3
   C. Anforderungen an den Lautsprecher. Auftretende Resonanz- und Verzerrungserscheinungen 3
2. Aus der Akustik 10
   A. Über die Entwicklung der Musik 10
   B. Die physikalischen Eigenschaften der Vokale und Konsonanten 13
      a) Die Formanten 13
      b) Oberschwingungen 15
      c) Einfluß der elektrischen Konstanten des Schwingungskreises auf den akustischen Charakter der Schwingungen 19
3. Historisches 21
4. Die Schalldose 24
      a) Wesen der Schalldose 24
      b) Empfindlichkeit der Schalldose 25
      c) Vermeidung von Verzerrungen 26
      d) Konstruktion der Schalldose eines normalen Zimmerlautsprechers 29
      e) Andere Konstruktionsformen von Schalldosen 31
         α) Ausführung der W. A. Birgfeld A.-G. 31
         β) Das Brownsche Zungentelephon 32
      f) Einstellungsarten des Magnetsystems bei Schalldosen mit Eisenmembranen 33
      g) Konstruktive Ausführung der Einstell- und Ablesevorrichtung an Schalldosen für Lautsprecher 35
5. Membran 36
   A. Dämpfungsdekrement und Resonanzfahigkeit der Membran 36
   B. Berücksichtigung der Eigenschwingungszahl der Membran 37
   C. Abstimmung der Membran 38
   D. Mittel, um gute Schallwirkung beim Lautsprecher zu erzielen 38
      a) Einspannung der Membran 39
      b) Formgebung der Membran 40
      c) Künstliche Dämpfung 40
   E. Die Eisenmembranen 41
   F. Membranen aus anderen Stoffen 41
6. Trichter 42
   A. Aufgaben des Trichters, Schallausbildung und Geschwindigkeit 42

Seite

B. Ausbildung des Trichters 44
C. Trichtermaterialien 46
Zusammenbau des Trichters mit dem Lautsprecherfuß . . . 48
D. Die Trichterform 48
E. Trichtereinbauten usw. 52
7. Indirekt wirkende Lautsprecher 53
A. Doppelhornlautsprecher von Holtzer-Cabot 54
B. Reflexionslautsprecher von Neufeld & Kuhnke 54
C. Reflexlautsprecher von Sterling 55
D. Resonator von Dr. Lissauer 56
E. Holländischer Trichter-Reflexlautsprecher 56
F. Der Parabol-Reflektor-Lautsprecher 58
8. Behelfsmäßige Lautsprecher 60
9. Grammophonlautsprecher 63
α) Normale Aufsteckanordnungen 63
β) Verbindung der Lautsprecherkapsel mit einer normalen Grammophonschalldose 65
10. Telephon-Lautsprecher 66
11. Lautsprecher mit Membranen aus Aluminium, Glimmer, Holz usw. 69
A. Der Lautsprecher von Brown 69
B. Der trichterlose Lautsprecher von Dr. Seibt 70
C. Der Orthophonlautsprecher der Radiofrequenz G. m. b. H. . 72
D. Der Elektromagnet-Lautsprecher von Dr. Pfleger & Meyer . 74
E. Lautsprecher von Magnavox 75
F. Audiophone-Lautsprecher 76
G. Diaphragma-Lautsprecher von Lumière u. Pathé (Crossley). 76
H. Der Lautsprecher „Tonspiegel“ von Ibach 78
12. Motorlautsprecher 79
A. Frenophon von S. E. Brown 79
B. Motorlautsprecher für größere Energien 80
C. Motor-Lautsprecher von D. v. Mihály 81
13. Lautsprecher nach dem elektro-dynamischen System. 82
a) Der Magnavox-Apparat 82
b) Der Pathé-Lautsprecher 85
14. Lautsprecher nach dem Johnsen-Rahbek-Prinzip . . 86
15. Reise-Lautsprecher 89
16. Kombination und Einbau des Lautsprechers 89
A. Kombination des Lautsprechers mit dem Empfänger bzw. Verstärker 89
B. Einbauten 91
C. Lautsprecherinstallationen in großen Häusern, Hotels usw. in Amerika 95
17. Lautsprecher für große Räume 95
Saallautsprecher, Lautsprecher für sehr große Räume, bzw. für das Freie 95

Seite
A. Der Lautsprecher von M. M. Hausdorff 96
B. Eingebaute Lautsprecheranlage von L. de Forest 98
C. Lautsprecher für sehr große Raume bzw. fur das Freie . . . 98
D. Bandlautsprecher von Siemens & Halske 102
E. Bandlautsprecheranlage von Siemens & Halske, insbesondere für Übertragung von Reden, Vorträgen usw. 104
F. Groß-Lautsprecher von Marconi 106
G. Benutzung mehrerer Großlautsprecher fur große Raume, für das Freie usw. 108
18. Zubehörteile, Anschluß- und Reinigungskreise. . . 109
A. Mehrfachanschlußstecker fur mehrere Doppelkopfhörer bzw. Lautsprecher 109
B. Telephon- (Lautsprecher-) Anschlußbrett. 110
19. Anschluß des Lautsprechers an den Verstarker. Reinigungskreise 112
20. Einfluß der Einschaltung der Schalldose in Rohrenkreisen auf die Dimensionierung 114
21. Selbstbau von Lautsprechern 115
A. Anfertigung eines Facherlautsprechers 116
B. Anfertigung eines Trichterlautsprechers 118
C. Anfertigung eines Lautsprechers nach dem Trichter-Reflexionsprinzip 119
D. Anfertigung eines Reflexions-Trichter-Lautsprechers 120
22. Kraftverstärkung 121
A. Zweitakt-Verstärkerschaltungen 122
B. Zweirohr-Kraftverstärkerschaltung 124
C. Widerstandsgekoppelter Kraftverstärker 125
D. Kraftverstärker-Anordnung von R. Ettenreich 125
E. Kraftverstärkerschaltung von Magnavox 126
F. Kraftverstärkerschaltung der Sterling-Co., London 127
G. Kraftverstärker der Bristol-Co. Waterbury, Conn. 127
H. Kraftverstärker-Lautsprecher der Western Electric Co. . . . 127
J. Push-Pull-Reflexschaltungen 129
23. Räumlicher Sprach- und Musikempfang 132

Literatur.

Secor, H. W.: „Loud talkers. — How to build them." The E. J. Co. New York 1923.

Hagler, W.: Radio-Lautsprecher. H. Beyer, Leipzig 1924.

1. Allgemeine Anforderungen.

A. Allgemeines.

Die Güte eines Lautsprechers hängt nicht allein vom Lautsprecher selbst ab, sondern es ist für die Beurteilung wesentlich, den gesamten Vorgang vom Senden bis zum Empfang zu betrachten.

Um einwandsfreie Lautsprecherdarbietungen zu erhalten, sind u. a. folgende Gesichtspunkte wesentlich:

Die Senderschwingungen müssen in elektrischer Beziehung einwandsfrei sein. Ein tunlichst sinusförmiger Hochfrequenzstrom, möglichst frei von Oberschwingungen, ist anzustreben.

Die Modulation durch das Mikrophon muß derart sein, daß der Sender richtig durchgesteuert wird, daß aber ein Überschreien oder Übersteuern peinlichst vermieden wird.

Hierzu ist es notwendig, daß auch bezüglich der Betätigung des Mikrophons die vielen Kunstgriffe und Gesichtspunkte berücksichtigt werden, welche sich bei guten R.T.-Darbietungen[1]) als notwendig herausgestellt haben. Nicht nur auf die Größe der Schallamplitude und den Abstand der Künstler von der Mikrophonanordnung kommt es z. B. an, sondern auch die speziellen Verhältnisse des Besprechungsraumes sind hierfür außerordentlich wesentlich.

Selbstverständlich spielen ferner die Übertragungsvorrichtungen, die eventuell benutzten Vor- und Zwischenverstärker, welche zwischen dem Musik- oder Vortragsausübenden und den Hochfrequenzsender geschaltet sind, eine sehr wesentliche Rolle.

Von größter Bedeutung ist natürlich die technische Gestaltung und Ausführung des R.T.-Senders selbst. Ein wenig glücklicher Gedanke war es z. B., bei vielen deutschen R.T.-Sendern, dieselben im Zentrum der Großstädte anzuordnen, wobei die

[1]) R. T. = Radio-Telephonie.

Ausstrahlungsverhältnisse meist äußerst ungünstig beeinträchtigt werden können.

Daß die atmosphärischen Verhältnisse zwischen Sender und Empfänger naturgemäß auch eine Rolle spielen, ist ohne weiteres klar. Zwar sind diese bei der Radiotelephonie nicht so wesentlich als bei der Radiotelegraphie auf große Entfernungen. Immerhin kommen sie aber schon in Betracht, namentlich in den Sommermonaten, in denen atmosphärische Störungen besonders zu gewissen Tagesstunden häufig sind.

Als erhebliche Störungsquelle kommen Störungen in Betracht, die namentlich von elektrischen Stromquellen aus entstehen. Hierbei sind zu nennen: Straßenbahngeräusche, namentlich in den Abendstunden, Schwingungen bestimmter Wellenlängen, die von gewissen elektrischen Betrieben, elektrischen Hausapparaten ausgehen, und ähnliches mehr.

Die Gesichtspunkte, welche für einen guten R.T.-Empfang gelten, sind natürlich ebenso einzuhalten wie die Anforderungen, die an eine möglichst verzerrungsfreie Verstärkung zu stellen sind. Hierbei spielen nicht nur die einmal zugrunde liegenden Verhältnisse der Empfangs- und Verstärkungsanlage eine große Rolle, sondern es muß auch während des Betriebes die Anlage ständig kontrolliert und evtl. nachreguliert werden.

Die elektrischen Eigentümlichkeiten der Empfangs- und Verstärkungskreise bringen es mit sich, daß namentlich in bestimmten Bereichen mehr oder weniger ausgeprägte Beeinträchtigungen der akustischen Wiedergabe bewirkt werden können. Auf diese Punkte, deren theoretische Klärung erst vor nicht allzu langer Zeit in Angriff genommen wurde, ist offenbar bisher noch nicht genügend Wert gelegt worden, vielleicht von gewissen Einzelausführungen abgesehen. Es ist klar, daß diese Gesichtspunkte in besonderem Maße berücksichtigt werden müssen, wenn eine einwandsfreie Wiedergabe durch den Kopfhörer oder gar durch den Lautsprecher bewirkt werden soll.

Während es im großen ganzen schon seit längerer Zeit möglich ist, einen häufig auch künstlerisch befriedigenden Eindruck durch den Kopfhörer zu erzielen, ist dieses bei der Wiedergabe durch den Lautsprecher immer noch nicht allgemein möglich geworden. Es summieren sich beim Lautsprecherbetrieb nicht nur alle vorgenannten Fehlermöglichkeiten, sondern es treten auch neu hinzu ganz besondere elektrisch-akustische Schwierigkeiten, welche einen künstlerisch befriedigenden Lautsprecherbetrieb zu beeinträchtigen suchen.

Diese Faktoren sind zu einem erheblichen Teil heute schon theoretisch geklärt und infolgedessen der Berücksichtigung zugängig. Es ist zu erwarten, daß durch ein weiteres Ausbauen der Theorie, vor allem aber auf Grund der systematisch zusammengetragenen Erfahrungen es möglich sein wird, Zimmerlautsprecher auch für das große Publikum allgemein zu bauen, welche sowohl Sprache als auch Musik einwandsfrei wiederzugeben gestatten.

B. Prinzipanordnung des Lautsprechers.

Wenn man von den wenigen bisherigen Lautsprecherausführungen absieht, welche ohne Trichter arbeiten (z. B. trichterloser Lautsprecher von Seibt, Reflexionslautsprecher von v. Mihály), so ist die Typanordnung die nachfolgende (s. Abb. 1, S. 4):

a ist die Schalldose, welche nach irgendeinem der nachstehenden Systeme gebaut ist. Diese pflegt gewöhnlich in einen Fuß *b* einmontiert zu sein.

Auf dem Mundstück der Schalldose *a* bzw. *b* ist der Trichter *c* meist leicht abnehmbar aufgesetzt.

C. Anforderungen an den Lautsprecher. Auftretende Resonanz- und Verzerrungserscheinungen.

Von einem brauchbaren Lautsprecher wird verlangt, daß er im Bereich zwischen 30 und etwa 10000 Schwingungen pro Sekunde ohne Hervorhebung irgendwelcher Resonanzlagen und tunlichst verzerrungsfrei eine möglichst laute Schallwiedergabe gewährleistet.

Diese Aufgabe zerfällt in einen elektrischen und einen akustischen Teil, wobei allerdings zu beachten ist, daß der akustische Teil zum Teil in dieselben Probleme eingeht wie der elektrische.

Die Gesamtaufgabestellung ist scheinbar nicht allzu schwierig. In Wirklichkeit ist es aber trotz der ganz enormen Arbeit, die in der ganzen Welt auf das Lautsprecherproblem bisher verwendet wurde, nicht gelungen, eine allgemein befriedigende Lösung zu finden. Sofern die Schallwiedergabe verhältnismäßig nicht allzu groß sein soll, sind allerdings eine ganze Reihe brauchbarer Lautsprecher auf den Markt gekommen. Um jedoch große Räume zu

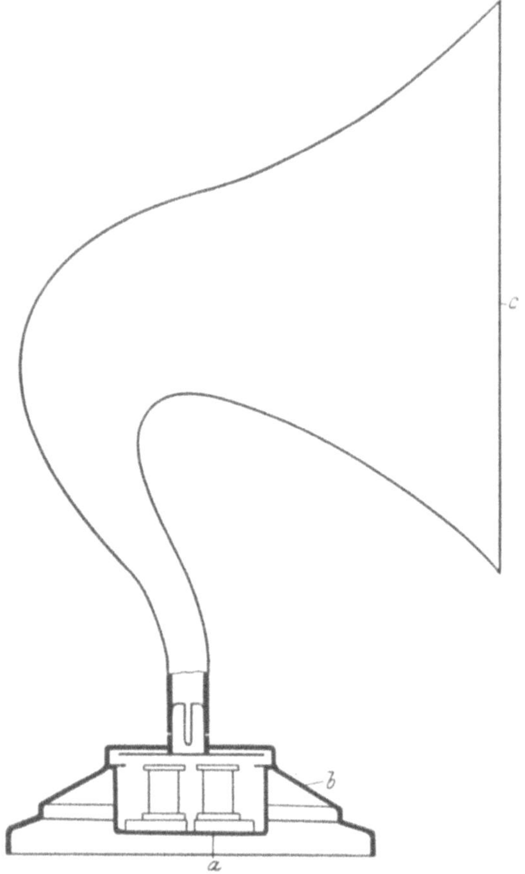

Abb. 1. Prinzipanordnung des Trichter-Lautsprechers.

füllen, bzw. eine Wiedergabe im Freien zu vermitteln, sind die bisher erzielten Resultate nicht allzu befriedigend, und es ist nur zu hoffen, daß noch wesentliche Vervollkommnungen erreicht werden.

Die außerordentliche Schwierigkeit, mit dem Lautsprecher insbesondere künstlerische musikalische Genüsse zu vermitteln, besteht in allen Fällen in der verhältnismäßigen Kleinheit seiner Membran, bezogen auf den Schallraum, welcher gefüllt werden soll. Infolgedessen ist die Wirkung, die ein einzelner Lautsprecher vermitteln kann, stets nur eine zentrale, während eine Kapelle, bzw. ein Orchester stets mehr flächenhaft die akustischen Schwingungen erzeugt, so daß auf den Zuhörer auch die Phasendifferenz zwischen den einzelnen Instrumenten und Tönen zum Ausdruck gelangt. Um einen Vergleich heranzuziehen: Der Lautsprecher entspricht in seiner Wirkung etwa derjenigen eines Scheinwerfers, also einer punktförmigen Lichtquelle, während das Analogon zum Orchester etwa dem Sonnenlicht mit den der parallelen Beleuchtung entsprechenden Schattenwirkungen gleichen würde. Das räumliche Hören, welches bisher mit einem einzelnen Lautsprecher nicht erreicht werden kann, wird in gewissem Maße durch mehrere gleichzeitig betriebene Lautsprecher hervorgerufen.

Während beim Hörer die Luftkopplung zwischen Telephonmembran und menschlichem Ohr infolge des äußerst geringen Abstandes sehr fest ist, wodurch sich außerordentlich günstige Betriebsbedingungen ergeben, ist beim Lautsprecher das Gegenteil der Fall. Hier wird verlangt, da selbst in einem Abstande von mehreren Metern die Membran noch so stark schwingt, daß eine genügende Schallintensität auf das Ohr übermittelt werden kann.

Die Folge davon ist, daß einerseits in den weitaus meisten Fällen die Membran des Lautsprechers überbeansprucht wird, und andererseits, daß gerade die Oberschwingungen, welche für den Charakter von Sprache und namentlich von Musik von größter Bedeutung sind, mehr und mehr verloren gehen. Es kommt noch hinzu, daß hierdurch auch die Phasendifferenzen, welche bei normaler Musikerzeugung durch eine Kapelle hervorgerufen werden, infolge der begrenzten Ausdehnung der Membran in immer zunehmendem Maße zum Verschwinden gebracht werden.

Der Wirkungsgrad eines Lautsprechers ist außerordentlich gering. Während nämlich, wenn die dem Lautsprecher zugeführte elektrische Energie 2 Milliwatt ausmacht, beträgt die Schallenergie bei normalem Sprechen nach englischen Messungen nur etwa 125 Erg, also 0,0125 Milliwatt, d. h. also der Wirkungsgrad beträgt kaum $1^0/_0$.

Die meisten Lautsprecherkonstruktionen benutzen eine Membran, welche die Schallintensität wiedergibt. Das Optimum wird erreicht mit verhältnismäßig stark gespannten Membranen, welche tunlichst klein und leicht ausgeführt sind.

Um die Wirkung der Membran zu erkennen, ist es erforderlich, sich eine Versuchsanordnung aufzubauen, welche die Aufnahme der Frequenz objektiv gestattet. Dieses kann z. B. mittels einer Einrichtung gemäß Abb. 2 geschehen. *a* ist ein Mittelfrequenzerzeuger, welcher Schwingungen im Bereiche zwischen

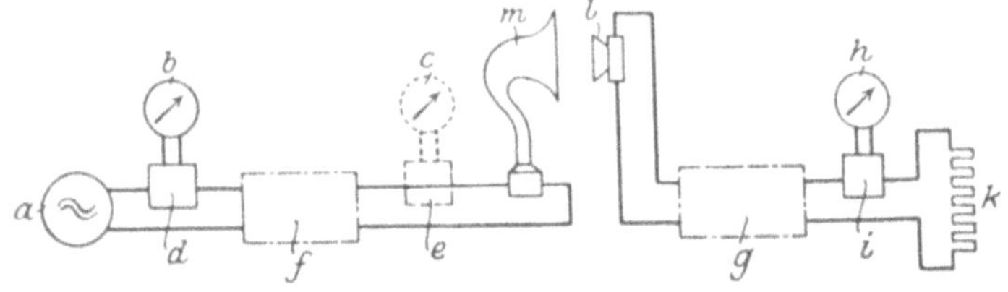

Abb. 2. Versuchsanordnung[1] zur Feststellung der Resonanzerscheinungen beim Lautsprecher, bzw. zur Messung der Impedanz und Reaktanz.

10 und 16000 pro Sekunde herzugeben gestattet. *b*, *c* und *h* sind Milliamperemeter, *d*, *e* und *i* sind Thermosäulen, *f* und *g* sind geeichte Verstärker, *k* ist ein Widerstand, welcher zur Regulierung der Impedanz der abgegebenen Energie dient, welche dem Verstärker *g* zugeführt wird. *l* ist ein Mikrophon als Sender und *m* der zu untersuchende Lautsprecher.

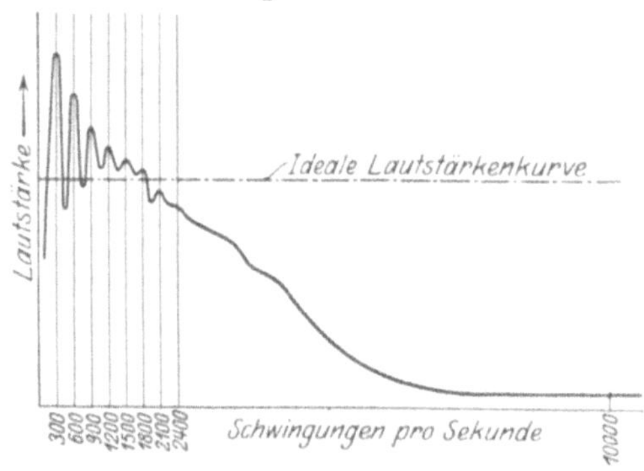

Abb. 3. Verhalten der Lautsprechermembran bei verschiedenen Frequenzen.

Wenn man mit einer solchen Anordnung die Lautstärke, welche die Lautsprechermembran erzeugt, bei verschiedenen Frequenzen aufnimmt, so wird man eine Kurve finden, deren Charakter ungefähr in Abb. 3 wiedergegeben ist (F. Trautwein). Diese stark ausgezogene Kurve zeigt, daß die Schallstärke nicht eine gerade, sondern vielmehr eine, abgesehen von gewissen Resonanzhöckern, fallende Charakteristik darstellt. Sie zeigt ein deutliches Maximum bei der Grundschwingung von 300 Perioden pro Sekunde und weiterhin ausgesprochene Maxima bei den Vielfachen dieser Grundschwingung, nämlich bei 600, 900, 1200, 1500 usw. Perioden. Das bedeutet, daß diejenigen Schwingungen der übertragenen Sprache und Musik, welche in die genannten Bereiche hineinfallen, übermäßig lautstark wiedergegeben werden, während die anderen Bereiche entsprechend geschwächt nur in Erscheinung treten.

Darüber hinaus zeigt aber die Kurve die weitere, vielleicht noch unangenehmere Erscheinung, daß die tieferen Frequenzen mehr und mehr lautschwach wiedergegeben werden, und daß schließlich über etwa 5000 Perioden eine sehr geringe, sich allerdings alsdann ziemlich konstant haltende Schallwiedergabe einstellt.

An einen idealen Lautsprecher müßte die Forderung gestellt werden, daß er für einen bestimmten Frequenzbereich und für jede ihm aufgedrückte Stromstärke eine konstante Impedanz besitzt. In Wirklichkeit zeigen Messungen an ausgeführten Lautsprechern außerordentliche Unregelmäßigkeiten, d. h. das Hervortreten von Resonanzlagen bei bestimmten Frequenzen, wie dies schon Abb. 3 zeigt. Man erhält als Abhängigkeit zwischen der akustischen und elektrischen Impedanz eine Kurve, welche beispielsweise der Abb. 4 entspricht. Hierin bedeutet jeder

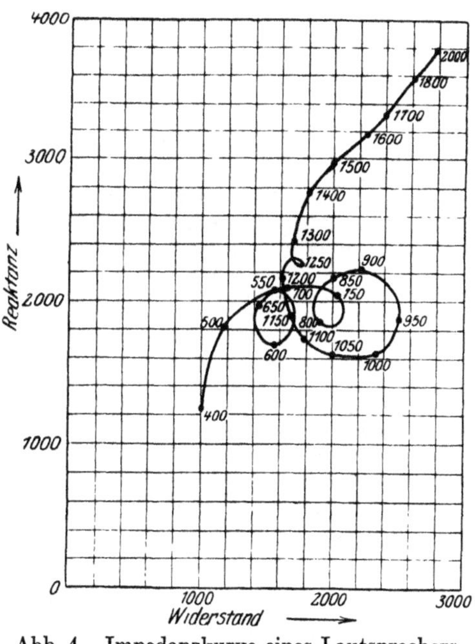

Abb. 4. Impedanzkurve eines Lautsprechers, die zahlreiche Resonanzlagen zeigt.

Knotenpunkt eine bestimmte Resonanzlage. Angestrebt würde eine Kurve, entsprechend Abb. 5, welche ziemlich frei von Resonanzlagen sein würde.

Die ideale Charakteristik eines Lautsprechers würde eine Parallele zur Abszisse darstellen, wie sie in Abb. 3 durch die —·—·—·—Linie dargestellt ist.

Die Folge dieser höchst unerfreulichen Erscheinungen macht sich sowohl bei Sprache als auch bei Musik unangenehm bemerkbar. Bei der Sprache werden gewisse Oberschwingungen, etwa gewisse Zischlaute oder auch Vokale hervorgehoben und im Verhältnis zu der übrigen Sprache zu lautstark wiedergegeben. Allerdings ist das Ohr hierfür nicht allzu empfindlich, da es sich infolge der langen Übung im Draht-Telephonieverkehr daran gewöhnt hat, mehr das Skelett der Sprache zu hören, als die volle akustische Form der Schwingungen.

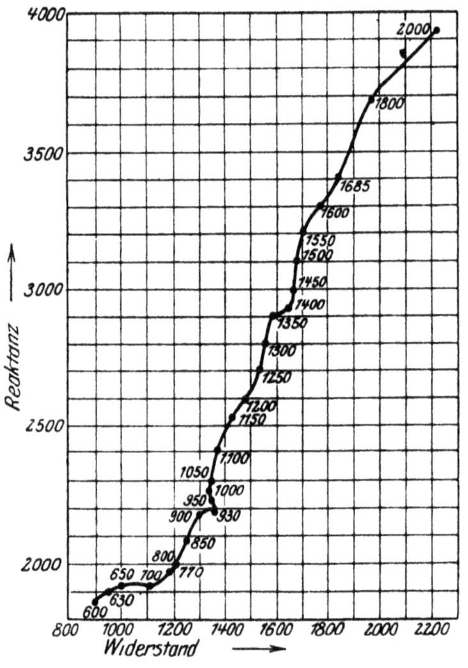

Abb. 5. Nahezu ideale Impedanzkurve, welche bei geschickter Anordnung erzielt werden kann.

Bei der Musikübertragung indessen, wobei das Ohr außerordentlich viel empfindlicher ist, wird die vorbeschriebene Erscheinung des Herausziehens besonderer Resonanzlagen unter Umständen so unangenehm empfunden, daß jede künstlerische Qualität verloren gehen kann. Um für Musikempfang einen guten Lautsprecherbetrieb durchzuführen, ist daher peinlichst darauf zu achten, daß Resonanzlagen möglichst vermieden, bzw. auf ein erträgliches Maß reduziert werden.

Für den guten Musikempfang ist es unbedingt notwendig, daß die Grundschwingungen und die Obertöne in möglichst voller Reinheit durch den Lautsprecher zum Ausdruck gelangen.

Abgesehen von der Heraussiebung besonderer Resonanzlagen durch die Membran, ist bei der Konstruktion und Dimensionierung eines elektromagnetischen Lautsprechers naturgemäß in noch größerem Maße auf die Vermeidung jeder Verzerrungsmöglichkeit peinlichst Rücksicht zu nehmen. Diese Verzerrungen sind schon beim gewöhnlichen Kopfhörer vorhanden. Beim Lautsprecher spielen diese Verhältnisse eine ungleich wesentlichere Rolle, da mit außerordentlich verstärkter Amplitude, und zwar um so mehr, als die Lautstärke hierbei größer ist, die Verzerrung bewirkt wird und die Oberschwingungen herausgezogen werden.

Auch das Entstehen von Schwebungen und der hierdurch als Mißtöne stark empfundenen Erscheinungen wird beim Lautsprecher um so mehr begünstigt, je größer die Schallamplitude ist. Es kann daher bei den meisten Konstruktionen beobachtet werden, daß bei verhältnismäßig geringer Erregung und demzufolge geringer Lautstärke die Schallwiedergabe noch verhältnismäßig sauber ist, und daß sie um so schlechter wird, je mehr die Schallintensität wächst. Es ist auch aus diesem Grunde erforderlich, wenn man Lautsprecher miteinander vergleichen will, dieses bei gleicher Lautstärke zu bewirken.

Die für die Kopfhörer geltenden diesbezüglichen allgemeinen Gesichtspunkte zur Vermeidung von Verzerrungswirkungen kommen in erhöhtem Maße für den Lautsprecher in Betracht. Infolgedessen sind an und für sich, soweit die elektromagnetische Anordnung berücksichtigt wird, Konstruktionen günstiger, bei welchen das Doppelprinzip durchgeführt ist, bei denen also die Membran unter entsprechender Schaltung und entsprechendem Wicklungssinn zweiseitig erregt wird; in der Tat sind recht brauchbare Lautsprecherkonstruktionen auch nach diesem Prinzip auf den Markt gekommen.

Wenn es sich darum handelt, Lautsprecher für sehr große Räume, bzw. für das Freie zu schaffen, wird, soweit überhaupt das elektromagnetische Prinzip hierfür herangezogen werden soll, die Berücksichtigung des doppelseitigen Magnetsystems in erster Linie in Betracht kommen.

Ein Haupterfordernis, um gute Resultate mit dem Lautsprecher zu erzielen, ist es natürlich, daß genügende Energie zur Verfügung steht. Infolgedessen ist wohl stets eine hinreichende Verstärkung der Empfangsschwingungen notwendig, es sei denn, daß z. B. bei außerordentlich großer Nähe vom Sender die Empfangsenergie des Empfängers an und für sich schon ausreichen sollte.

Diese Energiemenge ist nicht nur nötig, um den Lautsprecher an und für sich zu betreiben, sondern um Verzerrungen und Nebentöne usw. nach Möglichleit auszuschalten, wird es meist erforderlich sein, eine gewisse Dämpfung anzuwenden.

Im übrigen gilt aber für Beseitigung der Verzerrungen wieder das, was überhaupt für einen befriedigenden Lautsprecherbetrieb als Grundgesetz anzuführen ist, nämlich daß der Lautsprecher mit einem entsprechend dimensionierten, richtig durchgesteuerten Verstärker zusammen betrieben wird. Verstärker und Lautsprecher bilden, insbesondere bei Ausführungen für größere Lautstärken, ein zusammenhängendes Ganzes, welches nicht unnötig auseinander gerissen werden sollte. Die günstigste Dimensionierung aller Einzelteile und die passende Abgleichung des Ganzen ist hierbei der wesentlichste Faktor für eine möglichst resonanzlagenfreie, tunlichst wenig verzerrte Schallwiedergabe gewünschter Stärke.

Bei der Beurteilung eines Lautsprechers ist im übrigen zu berücksichtigen, daß infolge der schon verhältnismäßig langen Gewöhnung der Hörende an die Trichterlautsprecher eine gewisse Anpassung des Gehörempfindens erworben hat. Unbewußt glaubt mancher, daß eine Rundfunkdarbietung nicht vollkommen ist, wenn nicht die für das akustisch kultivierte und empfängliche Ohr höchst unangenehmen Trichtergeräusche bei der Musik- oder Sprachwiedergabe mit vorhanden sind. In England beispielsweise wird direkt die Schallwiedergabe mancher Trichterlautsprecher bezeichnenderweise als „sweet“ gekennzeichnet.

2. Aus der Akustik.

A. Über die Entwicklung der Musik.

Die Grundlage der Musik ist durch die Tonleiter (Skala[1]) gegeben, worunter die im Bereiche einer Oktave liegenden aufeinder folgenden Töne verstanden werden.

[1]) Zum Teil nach Müller-Pouillets „Lehrbuch der Physik und Meteorologie“. Band: Akustik.

Diese Tonleitern haben sich im Laufe der Jahrtausende entwickelt, insbesondere jedoch etwa seit Beginn des 18. Jahrhunderts, seit Schaffung der harmonischen Musik.

Soweit die bisherigen Feststellungen reichen, war die Musik der früheren Zeiten, insbesondere der Griechen, eine melodische, wohingegen die Kombination mehrerer Töne zu harmonischen Klängen noch nicht gefunden war. Die Musik diente im Altertum vor allem zur Wortbegleitung; zu diesem Zweck folgten die Töne aufeinander zu vollkommener Konsonanz. Diese alten Tonleitern waren eine Folge von Oktaven und Quinten, so daß sich etwa eine Tonreihe wie folgt ergab:

$$1 \quad {}^{4}/_{3} \quad {}^{3}/_{2} \quad 2$$

Die vier Töne dieser Tonleiter entsprachen auch der griechischen Lyra, welche, wie schon bemerkt, im wesentlichen zur Begleitung des deklamierten Wortes diente, um die verschiedenartige Betonung entsprechend zu unterstützen.

Diese Tonleiter hat späterhin eine Erhöhung auf sechs Töne erfahren, indem ein Quintenschritt nach aufwärts und ein Quintenschritt nach abwärts hinzukam.

Diese Tonleiter ist nicht nur bei schottischen und irischen Volksmelodien angewendet worden, sondern fand auch Eingang im Osten bei den Chinesen.

Den schon im Altertum immer mehr fortschreitenden Anforderungen genügte die Viertonskala nicht mehr. Bereits Pythagoras erweiterte die Tonleiter wie folgt:

$$1 \quad {}^{9}/_{8} \quad {}^{81}/_{64} \quad {}^{4}/_{3} \quad {}^{3}/_{2} \quad {}^{27}/_{16} \quad {}^{243}/_{128} \quad 2$$

Diese pythagoräische Tonleiter ist bis zum 16. Jahrhundert allgemein angewendet worden und bildet auch die Basis des ambrosianischen und gregorianischen Kirchengesanges, wie er heute noch in der römisch-katholischen Kirche gepflegt wird.

Erst etwa um das Jahr 1000 herum kam das Streben nach polyphoner Musik auf, welches jedoch erst etwa um die Wende des Jahres 1700 zur harmonischen Musik ausgebaut wurde, indem die beiden diatonischen Skalen gefunden wurden, nämlich die Durskala und die Mollskala.

Diese Tonleitern besitzen folgenden Aufbau:

Dur-Tonleiter:

Zeichen:	c	d	e	f	g	a	h	c
Schwingungszahl:	1	$^9/_8$	$^5/_4$	$^4/_3$	$^3/_2$	$^5/_3$	$^{15}/_8$	2
	Prim	Sekunde	Terz	Quart	Quint	Große Sext	Große Septime	Oktave

Moll-Tonleiter:

Zeichen:	c	d	es	f	g	as	b	c
Schwingungszahl:	1	$^9/_8$	$^6/_5$	$^4/_3$	$^3/_2$	$^8/_5$	$^9/_5$	2
	Prim	Sekunde	Terz	Quart	Quint	Sext	Septime	Oktave

Seit Schaffung dieser Skalen datiert erst bei den germanischen, romanischen, keltischen und slavischen Völkern die eigentliche Musikära.

Nur nebenbei sei erwähnt, daß neuerdings, ausgehend von Wiener Bestrebungen, eine musikalische Neuschaffung der Tonempfindung angestrebt wird.

Bei diesen atonalistischen Bestrebungen wird sowohl mit Bezug auf die Tonleitern als auch auf den Rhythmus versucht, völlig neue Wege einzuschlagen.

Im großen ganzen besteht die atonalistische Kompositionsmethode bekanntlich darin, daß nicht nur mehrere verschiedene Melodien (z. T. werden diese heute noch nicht als melodiös empfunden!) parallel zueinander laufen, sondern daß diese auch im allgemeinen verschiedenen Rhythmus aufweisen. Auf die Innehaltung der Dur- oder Moll-Skala wird hierbei meist nicht geachtet. Wenngleich diese Kompositionsmethode schon in manchen Volksliedern vorkommt und beispielsweise auch schon von J. S. Bach in Fugen Verwendung fand, so hat sie doch erst neuerdings vielfach in theoretisch wohldurchdachter Konstruktion Anwendung gefunden (z. B.: A. Schönberg, Czimek u. a.).

Diese musikalische Gestaltung stellt selbstverständlich für eine künstlerisch einwandsfreie Schallwiedergabe noch weit höhere Anforderungen an die Empfänger und Verstärker, vor allem aber an den Lautsprecher, insbesondere da es auf die Herausbringung der Formantregionen hierbei sehr viel ankommt, als bei der Wiedergabe einfacher harmonischer Dichtungen.

Die Radiotelephonie hat die Aufgabe, Sprache und Musik in den verschiedensten Modulationen den Rundfunkabonnenten zu Gehör zu bringen. Es müssen also nicht nur die Sender- und Empfangseinrichtungen, sondern auch die Wiedergabeorgane, wie insbesondere Telephon und Lautsprecher, diesen Anforderungen genügen.

B. Die physikalischen Eigenschaften der Vokale und Konsonanten.

a) Die Formanten.

Um eine akustisch und künstlerisch befriedigende Wiedergabe zu erzielen, ist es notwendig, einen Schwingungsbereich von mindestens 100 bis 6000 Schwingungen pro Sekunde zu beherrschen. Für weniger große Ansprüche genügen Bereiche bis zu etwa 4000 Schwingungen pro Sekunde. Um mehr herauszuholen, ist der Bereich nach oben hin bis auf etwa 10000 Schwingungen pro Sekunde auszudehnen.

Die Sprache besteht aus Vokalen und Konsonanten. Beiden ist eine gewisse Klangfarbe eigentümlich, welche schon frühzeitig Helmholtz, später C. Stumpf, Herrmann und D. C. Miller dazu geführt haben, außer den Oberschwingungen noch Beitöne annehmen zu lassen. Diese Beitöne hat man Formanten genannt (Herrmann). Es bedeutet nun für den Formanten einen Unterschied, ob der akustische Vorgang einem einmaligen Anschlage seine Entstehung verdankt oder ob es sich um einen andauernden Schwingungsvorgang handelt. In letzterem Falle wird eine mehr oder weniger rein ausgebildete periodische Schwingung erzeugt, was zur Folge hat, daß der Formant sich innerhalb eines gewissen Tonbereiches verschiebt (K. W. Wagner). Man spricht infolgedessen richtiger von einer Formantregion, wobei immer zu berücksichtigen ist, daß stets außer der Formantregion noch mehr oder weniger zahlreich ausgeprägte Oberschwingungen auftreten.

Diese Erscheinungen bestimmen die Klangfarbe einer Stimme, eines Musikinstruments bzw. eines Orchesters. Sie stellen mehr oder weniger variable Größen dar, welche naturgetreu durch den Empfangslautsprecher wiedergegeben werden sollen. Schon hieraus sind die zahlreich entstehenden Schwierigkeiten erkennbar, da es sich nicht um fest gegebene Verhältnisse handelt.

Es kommt weiterhin hinzu, daß beispielsweise ein Vokal, von einer Sopranstimme gesprochen oder gesungen, ein wesentlich anderes Schwingungsbild ergibt als von einem Tenor oder von einer Baßstimme hervorgerufen. Im ersteren Falle ist ferner die Schwingungszahl verhältnismäßig groß; sie beträgt beispielsweise bei dem Vokal A etwa 500 Schwingungen pro Sekunde. Beim Baß hingegen sinkt diese Schwingungszahl für den gleichen Vokal A auf etwa 90 Schwingungen pro Sekunde herab.

Es kommt weiterhin hinzu, welche Energie die Teiltöne in dem betreffenden Frequenzgebiet besitzen. Glücklicherweise spielt wenigstens in dieser Beziehung die Stimmlage keine allzu wesentliche Rolle, sondern es treten die Teiltöne in der Regel in einem bestimmten Frequenzbereich auf.

Die Verhältnisse werden klar, wenn man sich die Vokalformanten aufzeichnet.

In Abb. 6 sind nach den Untersuchungen von C. Stumpf unten die Formantregionen für die Vokale U, O, A, Ö, Ä, Ü, E und J aufgetragen. Oben in der Abbildung sind die Amplituden gezeichnet, welche in der oder stellenweise auch in den Formantregionen auftreten. Während die dunklen Vokale U, O und A im wesentlichen nur eine Formantregion besitzen und auch nur diese praktisch berücksichtigt ist, zeigen die hellen Vokale Ö, Ä, Ü, E und J deren je zwei Formantregionen, wobei sogar die Region, welche die kleinere Amplitude besitzt, also auch die geringere Schallenergie aufweist, für die Klangfarbe des Vokals die wesentlichere ist.

In der Abbildung sind ferner die Schwingungszahlen und die musikalischen Bezeichnungen eingetragen.

Bei der männlichen Stimme liegt der Grundton etwa bei 130 Schwingungen pro Sekunde, bei der weiblichen Stimme etwa bei 260 Schwingungen pro Sekunde.

In gleicher Weise wie die Vokale besitzen auch die Konsonanten Formanten bzw. Formantregionen. Hierfür sind entsprechend in Abb. 7 die charakteristischen Bereiche und Amplituden aufgetragen. Es ist hieraus klar, daß namentlich diejenigen Konsonanten, welche zischlautartig gesprochen werden, für die Übertragung besondere Schwierigkeiten bieten. Infolgedessen werden Sprachen, welche einen Konsonantenreichtum aufweisen und welche das Charakteristikum von Zischlauten besitzen, für die R.T.-Darbietungen weniger in Betracht kommen als die vokalreichen Sprachen z. B. der Romanen. Jeder R.T.-Interessent, welcher Fernempfang betreibt, weiß dies aus eigener Erfahrung, da z. B. bei gleicher Lautstärke die Ansagen der tschechischen Sender selbst für den Sprachkundigen meist unverständlich bleiben, während die italienischen Ansagungen selbst bei schlechtem Radiowetter und bei äußerst ungünstigen Verhältnissen fast stets gut verständlich sind.

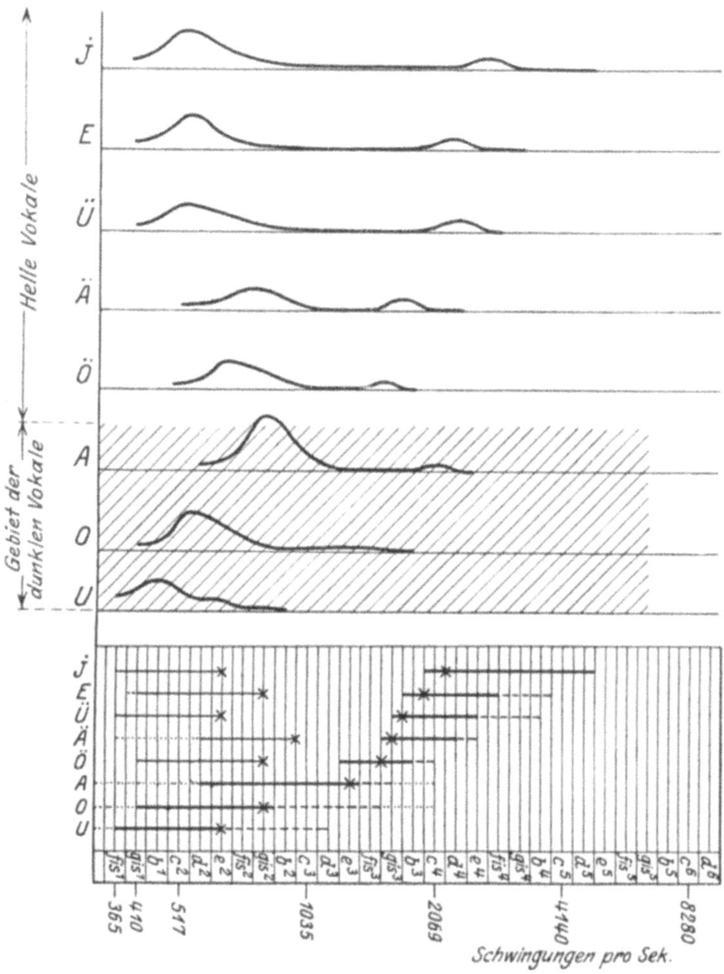

Abb. 6. Bereiche der Vokalformanten.

b) Oberschwingungen.

Die charakteristische Klangfarbe, insbesondere von Instrumentalmusik, hat im wesentlichen ihren Grund in den Oberschwingungen sowie häufig in denjenigen Schwingungen, die bei stoßartiger Betätigung des betr. Instrumentes hervorgerufen werden.

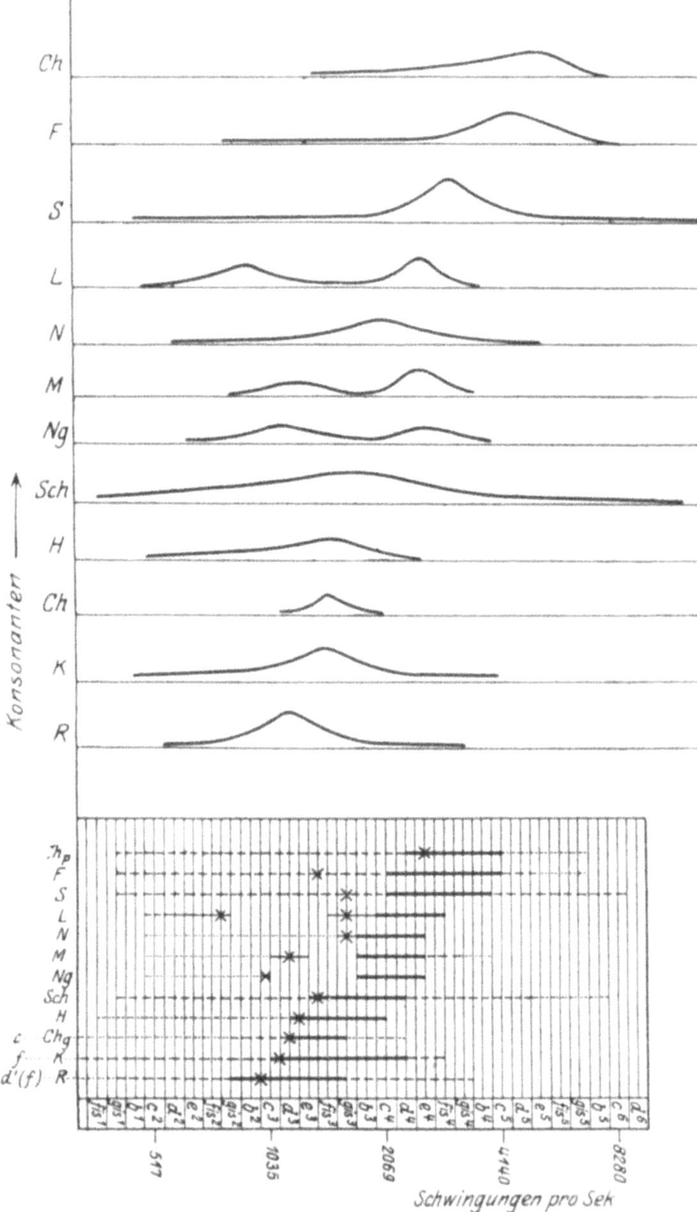

Abb. 7. Bereiche der Kosonantenformanten.

Man kann wiederum nach den Arbeiten von D. C. Miller und C. Stumpf die musikalischen Töne in zwei Gruppen einteilen:

1. In solche, welche durch Stoßwirkung hervorgerufen werden und infolgedessen ähnlich wie die Stoßschwingungen der drahtlosen Telegraphie einen abklingenden Charakter besitzen.

2. In solche, welche eine kontinuierliche Schwingungsform aufweisen, und bei denen wiederum, ähnlich wie bei den kontinuierlichen und ungedämpften Schwingungen der Radiotechnik, während des Schwingungsvorganges dauernd Energie nachgeliefert wird.

Die stoßartig hervorgerufenen Schwingungen treten bei allen angeschlagenen oder angezupften Instrumenten auf. Hierzu gehört z. B. das offenbar die Grundform der Musik bildende Triangel, die Glocke, die Zupfgeige, das Klavier usw.

Zu den Instrumenten, welche die kontinuierlichen Schwingungen liefern, sind in erster Linie die Streichinstrumente, wie Violine, Cello, Bratsche usw., zu rechnen, ebenso aber auch die Blasinstrumente, wie Orgel, Trompete, Waldhorn, Flöte, Saxophon usw. Ferner kommt zu diesen aber auch noch die Gesangsform hinzu.

Beide Kategorien von Schwingungen besitzen Obertöne, welche entsprechend der Verwendungsform des betr. Instrumentes ihr Entstehen verdanken; auch die Größe der Amplitude der Oberschwingungen ist hierfür maßgebend.

Bei den angestoßenen Schwingungen sind die auftretenden Oberschwingungen im allgemeinen unharmonisch, so daß sich eine unperiodische Gesamtschwingung ergibt. Betrachtet man z. B. gemäß Abb. 8 (K. W. Wagner, 1924) die Schwingungen einer Stimmgabel, so ergibt sich bei weichem Anschlag eine sinusförmige Schwingung entsprechend dem oberen Bilde. Wenn man jedoch die Stimmgabel hart anschlägt, so erhält man ein Schwingungsbild gemäß Abb. 8 unten. Das letztere zeigt, daß die Frequenz der Oberschwingungen ungefähr den 6,25-fachen Betrag der Grundschwingungen ausmacht, so daß erst nach etwa vier Grundperioden (z. B. m bis n) derselbe Zustand des Schwingungsbildes wieder erreicht ist. Infolgedessen ist der bei weichem Anschlag weich klingende Stimmgabelton in einen hartklingenden metallartig gefärbten Ton übergegangen.

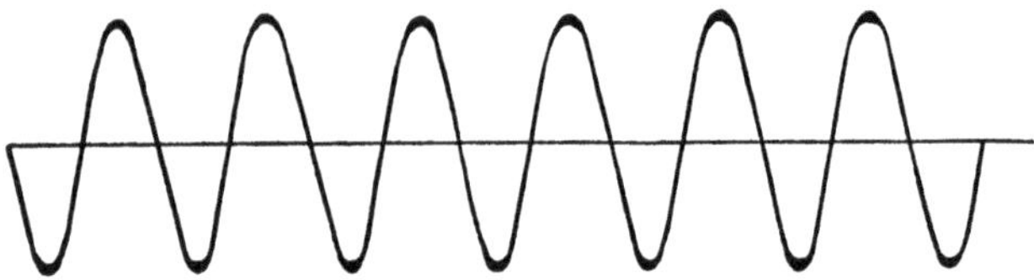

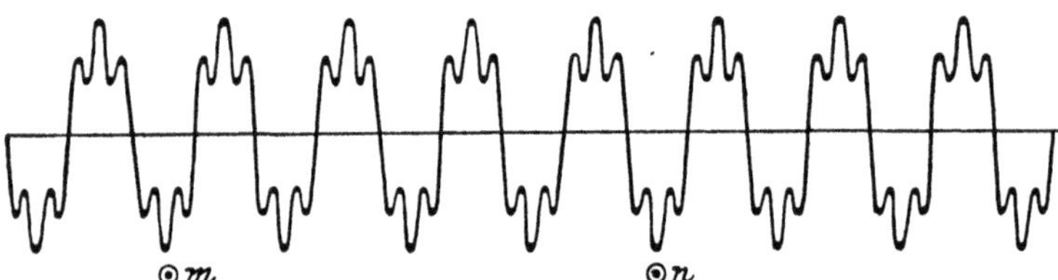

Abb. 8. Schwingungen einer Stimmgabel. Oben: Weich angeschlagen. Unten: Hart angeschlagen.

Bei den kontinuierlichen Schwingungen ist der Schwingungsvorgang naturgemäß ein anderer. Außer der Grundschwingung, welche nicht unbedingt mit der Eigenfrequenz des Schwingungssystems identisch zu sein braucht, sondern zuweilen beträchtlich von dieser abweichen kann, sind noch stets Oberschwingungen vorhanden, welche harmonisch sind.

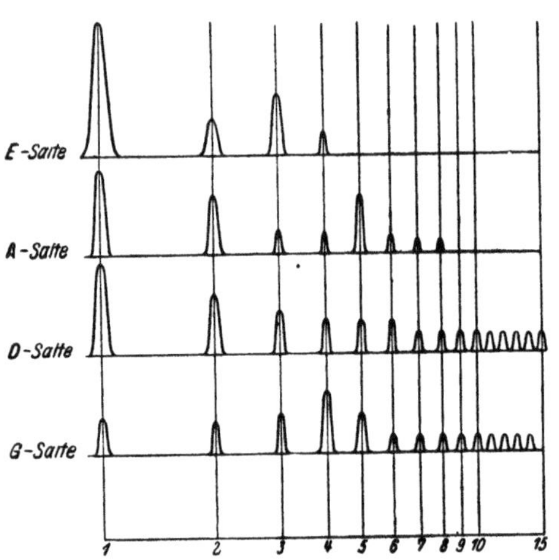

Abb. 9. Oberschwingungen bei der Violine.

Ein Bild der Schwingungsvorgänge sowie der auftretenden Obertöne der angestrichenen vier Saiten einer Violine zeigt Abb. 9. Es sind aus dieser Abbildung im wesentlichen auch die Amplituden der verschiedenen Oberschwingungen erkennbar. Das Bild zeigt, daß insbesondere Oberschwingungen höherer Ordnung auftreten, wodurch die weiche Tongebung bei der Violine in der Hauptsache herrührt.

Die Oberschwingungen und die Formanten bewirken bei den Schwingungskurven die charakteristische Formgebung. Für den

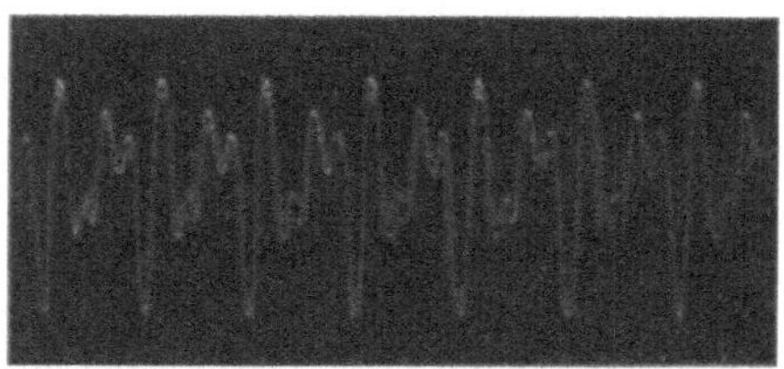

Abb. 10. Oszillogramm des Vokals A (Aufnahme von J. Duddell).

Vokal A sind diese z. B. durch das schon vor vielen Jahren von J. Duddell aufgenommene Oszillographenbild gemäß Abb. 10

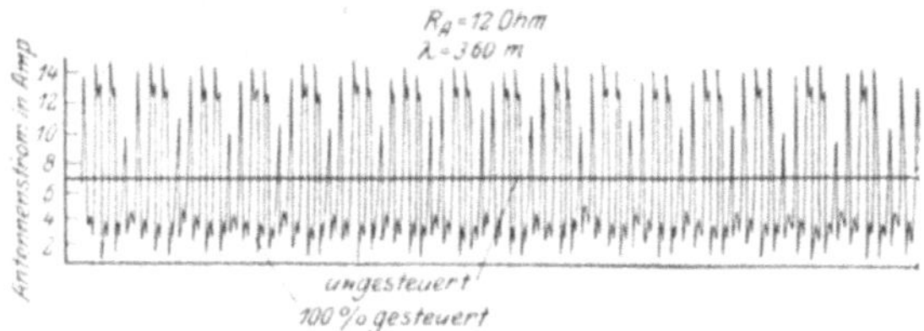

Abb. 11. Anderes Schwingungsbild (Oszillogramm) des Vokals A, aufgenommen am Pittsburger R.-T.-Sender.

und durch das weitere Oszillographenbild gemäß Abb. 11, welches am Pittsburger Sender erzielt wurde, gekennzeichnet.

c) Einfluß der elektrischen Konstanten des Schwingungskreises auf den akustischen Charakter der Schwingungen.

Es kommt darauf an, das Empfangssystem, einschließlich Telephon oder Lautsprecher, so zu gestalten, daß die den betr. Darbietungen eigentümlichen Oberschwingungen ebenso wie die Formanten rein und unverzerrt zum Ausdruck gelangen können.

Die Wichtigkeit dieser Forderung ist ohne weiteres klar, wenn man sich den Einfluß der Kondensatoren und Selbstinduktionsspulen, die jedes Schwingungssystem enthält, vergegenwärtigt. Betrachtet man als extremste Form einen Kondensatorkettenkreis, so kann man bei entsprechender Abgleichung mittels desselben die tieferen, also auch die Grundschwingungen eines betr. Tones vollkommen unterdrücken und bewirken, daß lediglich die Oberschwingungen zum Ausdruck gelangen.

Umgekehrt kann man bei einem Kettenkreis mit Drosselspulen die Oberschwingungen unterdrücken und bewirken, daß lediglich die Grundschwingungen oder auch die niedrigeren Oberschwingungen zum Ausdruck gelangen.

Praktisch ist dies nicht nur für den Fernsprechempfang mit Drahtleitung, sondern auch für den Radiotelephonempfang selbstverständlich von großer Bedeutung.

Durch Versuche von K. W. Wagner ist überzeugend nachgewiesen worden, daß man durch die vorerwähnten Anordnungen von Drosselketten je nach dem Frequenzbereich, welchen die Drosselkette besitzt, beispielsweise in die Leitung hineingesprochene Vokale willkürlich verändern kann. Es ist z. B. möglich, durch allmähliche Erniedrigung der Frequenz der Drosselkette den Vokal E allmählich in Ö und sogar in ein reines O zu überführen, welches schließlich in den dunkelsten Vokal U übergeht. Während bei 3100 Schwingungen pro Sekunde ein reines E vorhanden war, war bei 2070 Schwingungen pro Sekunde das Ö ausgebildet, bei etwa 1300 Schwingungen pro Sekunde das O, und es war dieses bei etwa 130 Schwingungen pro Sekunde in das dunkelklingende U übergegangen.

In ähnlicher Weise werden naturgemäß auch die Konsonanten durch die gewählten Schaltmittel elektrischer Kondensator- und Drosselkreise beeinflußt. Dieses führt natürlich dazu, daß leicht im Verständnis der übermittelten Laute Fehler entstehen können. Diese können sehr erheblich sein, und zwar sind sie für eine bestimmte Sprache um so größer, je geringer die Frequenz des elektrischen Aufnahmesystems ist. Nach Feststellungen von H. Fletcher (1922) ergab sich mit Bezug auf die englische Sprache nachstehende Fehlertabelle:

Grenzbereich des Aufnahmesystems in Schwingungen pro Sekunde	Kreisfrequenz	Die Entstehung der Sprache ergibt Fehler in %
4780	30000	2
3670	23000	4
3180	20000	6
2870	18000	8
2550	16000	11
2230	14000	15
1910	12000	21
1590	10000	30
1430	9000	35

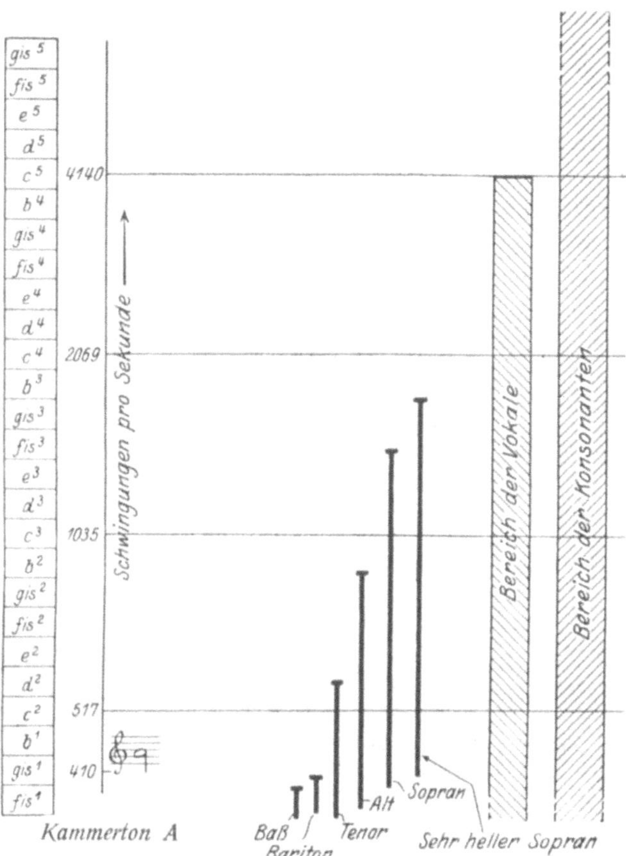

Abb. 12. Schwingungszahl und Frequenz der Stimme, Vokale und Konsonanten.

In Abb. 12 ist der Zusammenhang zwischen den musikalischen Tönen, den Schwingungszahlen, den Vokalen und Konsonanten und den verschiedenen Stimmlagen wiedergegeben. Die letzteren Berichte. gelten selbstverständlich nur angenähert, da erhebliche subjektive Schwingungen vorkommen können.

3. Historisches.

Die wahrscheinlich erste Vorrichtung, welche auch schon als lautsprechendes Telephon (loud speaking telephone) bezeichnet wurde, rührt von A. Th. Edison her (1872). Sie ist in Abb. 13 wiedergegeben. Bei diesem mechanischen Telephon werden die Sprachströme lediglich zur Kopplung einer mechanischen Kraftquelle und einer schwingenden Membran benutzt. Der Apparat kann also auch als Relaisverstärker betrachtet werden.

Es bezeichnet in Abb. 13 *a* einen Kalkzylinder, welcher durch ein Uhrwerk *b* in Rotation versetzt wird. Dieser Zylinder erfährt ständig eine Anfeuchtung durch ein z. B. mit Wasser gefülltes Gefäß *c*. Gegen den Zylinder *a* liegt leicht eine z. B. aus Palladium oder Platin gefertigte Backe *d* an, welche durch ein Verbindungsstück mit einer Glimmermembran *e* verbunden ist. Die Einstellung und der richtige Druck wird durch eine Feder *f* bewirkt. Die Stromzuführung und die Verbindung mit dem Mikrophon *g* ist in der Abbildung ebenfalls angedeutet.

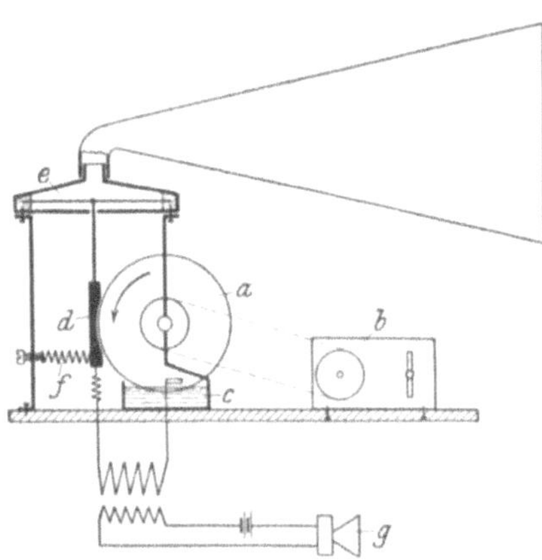

Abb. 13. Erstes lautsprechendes Telephon von A. Th. Edison (1872).

Die Funktion dieser Anordnung ist folgende: Sobald die Sprachströme mittels der Backe *d* durch den Kalkzylinder *a* hindurchgeleitet werden, entsteht zwischen beiden eine dem Strom entsprechende größere oder kleinere Reibung; der Kalkzylinder reißt mehr oder weniger die Backe mit sich und versetzt hierdurch die Glimmermembran in Schwingungen.

Etwas später ist von Edison noch eine andere Einrichtung eines lautsprechenden Telephons mitgeteilt worden, und zwar war dies der Elektromotograph, welcher 1878 veröffentlicht wurde.

Bei diesem war Anordnung und Wirkung ähnlich: (Siehe Abb. 14.)

Als wirksamer Widerstandsteil des Elektromotographen diente eine Walze *a*, welche aus einem Gemisch von Ätzkali, Quecksilber, Azetat und Kreide unter Beimengung von Wasser zusammengepreßt war, und die auch für den Betrieb nie ganz ausgetrocknet sein durfte. Diese Walze war mit einer Achse verbunden, welche außen durch einen Knopf *b* gedreht werden konnte. Gegen die Walze drückte ein kleiner an einer Membran befestigter Hebel *c*, welcher mit einer Platinspitze versehen war.

Zum Betrieb wurde die Einrichtung mit Batterie und Mikrophon verbunden und gab die in das Mikrophon hineingesprochenen oder gesungenen Laute verhältnismäßig laut wieder.

Eine andere später angegebene Lautsprecheranordnung rührt von dem bekannten Turbinenkonstrukteur Parsons her. Sie wurde Auxetophon genannt und ist in Abb. 15 wiedergegeben.

Hierin bedeutet *a* eine z. B. durch einen Motor betätigte Zentrifugalluftpumpe, welche Preßluft durch ein Rohr *b*

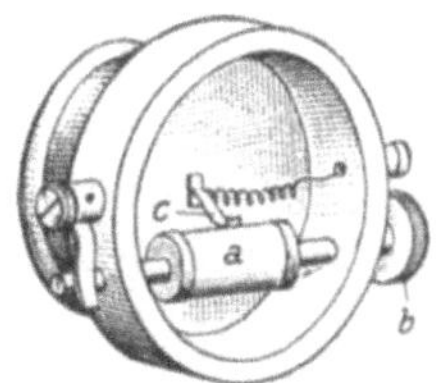

Abb. 14. Elektromotograph von A. Th. Edison.

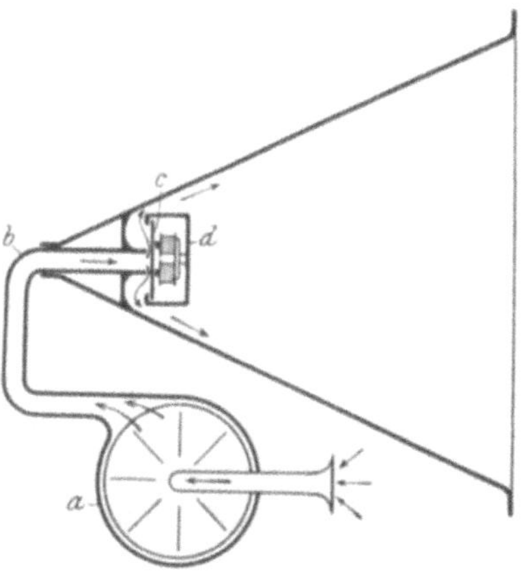

Abb. 15. Parsons Lautsprecher: „Auxetophon“.

gegen die Membran *c* einer Schalldose *d* preßt. Die Mündung des Rohres ist dicht über der Membran *c* angeordnet, so daß mehr oder weniger Luft aus der Austrittsöffnung herausströmt, je nachdem, welche Stellung die Membran *c* einnimmt.

Eine praktische Bedeutung hat diese Anordnung bisher gleichfalls nicht erhalten.

In späterer Zeit ist man, wenn man ein lautsprechendes Telephon verwenden wollte, wohl ganz allgemein dazu übergegangen, eines der vorhandenen elektromagnetischen Telephone mit einem möglichst großen Schalltrichter zu versehen, wodurch bereits einerseits eine gewisse Richtwirkung der Schallwellen, andererseits auch eine Verstärkung der Amplitude erzielt wurde.

Die Zahl dieser Anordnungen ist schon eine verhältnismäßig sehr große gewesen; und auch schon für die Zwecke der Radiotechnik hat man verhältnismäßig frühzeitig, mindestens seit 1906, als durch den Lichtbogensender von V. Poulsen die drahtlose Telephonie zum ersten Male praktisch gelöst war, derartige Anordnungen gebraucht.

Man hat auch schon frühzeitig erkannt, daß es, um ein gewisses Schallvolumen zu erzielen, notwendig ist, das benutzte Telephon möglichst groß zu wählen und auch die Membran nicht allzu schwach zu gestalten, um tunlichst ohne Verzerrung eine genügende Schallintensität zu erhalten.

Wohl in Anlehnung an die dem Elektromotographen von Edison gegebene Bezeichnung „Lautsprechendes Telephon“ hat man schon während des Krieges, sicher aber seit Ende 1918, derartige Einrichtungen als „Lautsprecher“ bezeichnet. Als die Radiotelephonie für jedermann in Amerika 1921 in großem Maßstabe aufkam, lieferte auch sofort der Radiohandel Lautsprecher (Loud-speaker). Diese Bezeichnung gibt den Vorgang technisch recht treffend wieder und dürfte wesentlich glücklicher gewählt sein als die Bezeichnung „Lauthörer“, deren Einführung neuerdings in Deutschland versucht wird, denn der Apparat gibt ja tatsächlich Geräusche wieder, während der subjektive Hörvorgang eine Funktion des Menschen ist, welcher sich des betreffenden Apparates bedient.

4. Die Schalldose.

a) Wesen der Schalldose.

Die Schalldose ist ein Apparat, welcher äußerst geringe elektrische Stromschwankungen, die auf ein Magnetsystem einwirken, auf eine Membran überträgt, die ihrerseits Schallschwingungen emittiert. Die Bewegungen der Membran hierbei sind äußerst gering und betragen im allgemeinen nur Bruchteile eines Millimeters. Während aber bei dem an sich im großen ganzen ähnlichen Hörer (Telephon) der Radiotelephonie nur ein sehr geringer Abstand zwischen Membran und Ohr und demgemäß eine sehr feste Luftkopplung vorhanden ist, welche es ermöglichen läßt, diese äußerst geringen Schwankungen mit hinreichender Lautstärke auf den Gehörgang zu übertragen, und zwar derart, daß auch Oberschwingungen meist überraschend verzerrungsfrei mitübertragen werden, so daß beim einfachen Hörer auch die Übermittlung künstlerischer Genüsse ohne weiteres möglich ist, ist im Gegensatz hierzu die Luftkopplung zwischen Lautsprecher und den Zuhörern praktisch äußerst lose. Infolgedessen sind auch die beim Lautsprecher auftretenden Schwierigkeiten sehr viel größere.

Die Anschaltung des Lautsprechers wird im übrigen, abgesehen von der meist größeren notwendigen Verstärkung, wohl stets so bewirkt, daß das Magnetfeld der Schalldose durch den Empfangsstrom entsprechend verstärkt wird.

b) Empfindlichkeit der Schalldose.

Bei der auch bei der R.-T. meist vorhandenen periodisch ballistischen Membranerregung ist nicht mit rein sinusförmigen Schwingungen zu rechnen, es sind vielmehr eine Reihe von Oberschwingungen vorhanden. Infolgedessen hängt die Empfindlichkeit des Telephons wesentlich vom menschlichen Ohr, von der Tonhöhe und der relativen Stärke der einzelnen Oberschwingungen ab.

Die Empfindlichkeit bei einer bestimmten Tonfrequenz wird also durch folgende drei Faktoren bestimmt:

1. Durch die Größe der Membranamplitude bei einer bestimmten Stromintensität.

2. Durch die relative Stärke der im Tonbereich auftretenden Oberschwingungen.

3. Durch die Empfindlichkeit des menschlichen Ohres auf diese verschiedenen Obertöne.

Im übrigen hängt die Empfindlichkeit der Schalldose ab:

1. Von der Stromstärke, die durch die Magnetwindungen fließt.

2. Von der Amplitude der Membran, die ihrerseits eine Funktion der Frequenz ist und im übrigen auch von den elektrischen Werten der Magnetspulen beeinflußt wird.

3. Von der Kurvenform des durch die Magnetwindungen hindurchfließenden Stromes, wobei die Verhältnisse um so günstiger werden, je sinusförmiger der Strom ist.

4. Von den Eigenschaften der die Schalldose erregenden Speisequelle. Dieses ist in besonderem Maße wesentlich, wenn die Schalldose durch einen Transformator mit der Apparatur (Empfangskreis) verbunden ist.

Abgesehen von den vorgenannten Punkten ist es grundsätzlich verschieden, ob die Schalldose für Radiotelegraphie oder -telephonie benutzt werden soll. Im ersteren Fall werden meist die Morsezeichen mit einem bestimmten Ton gegeben. Um diese Tonwirkung am besten ausnutzen zu können, mußte die Schalldose tunlichst die Eigenschaft eines Monotelephons besitzen; infolgedessen werden Schalldosen mit besonders hervortretender Resonanzschwingung vorteilhaft sein.

Ganz anderer Art sind die Anforderungen, die an eine Schalldose für Radiotelephonie gestellt werden. Hier wird gerade im Gegensatz verlangt, daß jede Resonanzwirkung nach Möglichkeit vermieden ist und daß die Schalldose im Gesamtgebiet der übertragenen Sprachlaute oder Töne ohne irgendwelche Resonanzwirkung gleichmäßig empfindlich ist. Es kommt hierbei besonders darauf an, daß die Membran ohne jede Verzerrung die Sprechströme im gesamten Bereich wiedergibt.

c) Vermeidung von Verzerrungen.

Für den Bau und Betrieb einer Schalldose ist es von größter Wichtigkeit, dafür Sorge zu tragen, daß die Sprachströme in ihrer Kurvenform möglichst wenig verzerrt werden. Die Aufgabe ist es, den Hörer so zu bauen, daß eine sinusförmig zugeführte Schwingung eine möglichst oberschwingungsfreie Tonwirkung ergibt. Dieses wird nun durch die Anordnung der Membran zu den Polschuhen um so mehr erschwert, je näher der Abstand der Membran von den Polschuhen gemäß Abb. 16 ist. Je geringer dieser Abstand ist, desto größer innerhalb gewisser Grenzen ist allerdings die Schallwirkung, aber desto mehr ist auch die Gefahr der Kurvenverzerrung gegeben. Das ungefähre Verhältnis zwischen der von der Schalldose abgegebenen Lautstärke zum Abstand zwischen Membran und Polschuhen ist aus Abb. 17 zu ersehen. Wenn man jedoch mit dem Oszillographen bei sehr geringem Abstande, also wenn die Lautstärke groß ist, die Kurve, welche der Hörer umformt, aufzeichnet und in Abb. 18 der in das Telephon hineingesandte sinusförmige Wechselstrom dargestellt ist, so entsteht eine dem Bild von Abb. 19 entsprechende verzerrte Sinuskurve. Letzteres besagt, daß Oberschwingungen in der Schalldose zur Ausbildung gelangen, welche vorher vielleicht

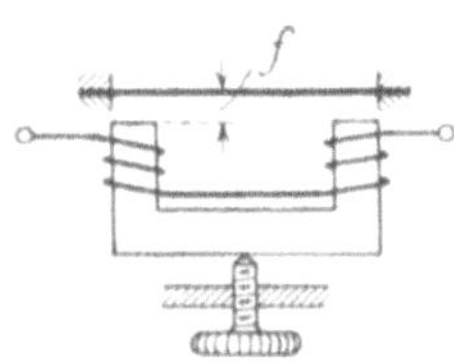

Abb. 16. Schema der einstellbaren Schalldose.

nur mit äußerst geringer Amplitude vorhanden waren und die sich bei größerem Abstande der Membran nicht bemerkbar machen konnten. Durch das Auftreten und Vergrößern der Oberschwingungen wird aber die Klangfarbe stark beeinträchtigt, was sich insbesondere bei der Übertragung von Musik äußerst störend bemerkbar macht. Es ist hierdurch ferner auch die Möglichkeit gegeben, daß derartige Oberschwingungen auch zu akustischen Schwebungserscheinungen führen, was eine höchst unerwünschte Tonwiedergabe zur Folge haben kann.

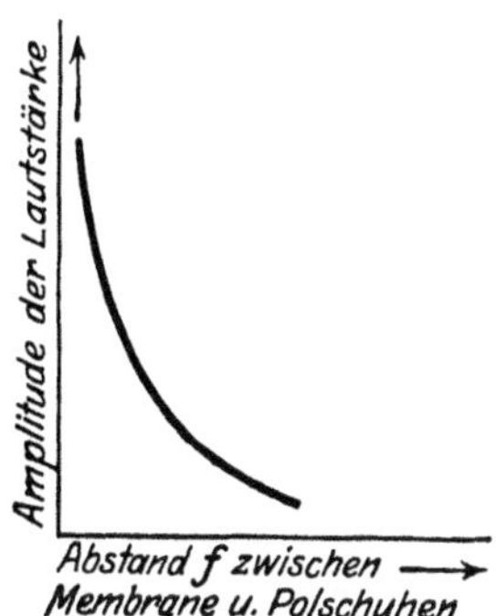

Abb. 17. Abhängigkeit der Lautstärkenamplitude vom Membranabstand.

Diese Verhältnisse sind in besonderem Maße bei musikalischen Übertragungen vorhanden; sie treten aber auch bei der Sprache auf, wenngleich sie hier schon infolge des viel kleineren Schwingungsbereiches, der zur Verwendung gelangt, unerheblicher sind.

Es sind verschiedene Mittel angegeben worden, um diese Kurvenverzerrung zu beseitigen; und eigentlich besteht die Haupttätigkeit eines Schalldosenkonstrukteurs darin, Mittel und Wege zu finden, um möglichst verzerrungsfreie Schalldosen zu bauen.

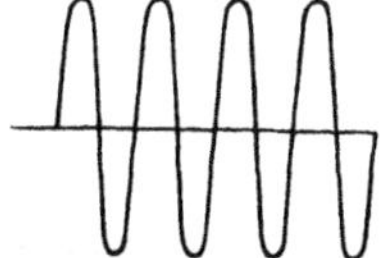

Abb. 18. Sinusförmiger Strom, der der Schalldose zugeführt wird.

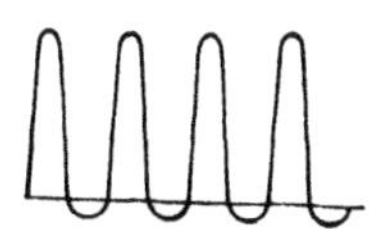

Abb. 19. Durch die Schalldose wiedergegebene verzerrte Schwingungsform.

Theoretisch recht wirkungsvoll sind Schalldosen, welche nach dem sogenannten Doppelprinzip, entsprechend der schematischen Abb. 20, gebaut sind. Hier sind zwei entsprechend gegenüberstehende Magnetsysteme *a* und *b* angeordnet, welche gemeinsam auf die Membran einwirken.

Selbstverständlich müssen die Magnete so gewickelt und geschaltet sein, daß, wenn eine Anziehung der einen Seite stattfindet, ein Loslassen der Membran seitens der anderen Seite bewirkt wird. Nur dadurch kann eine gegenseitige Unterstützung der Doppelmagnete bewirkt werden.

Wenn entsprechend Abb. 21 die Abhängigkeit der Schallstärke von dem Abstand der Membran von den Polschuhen in einem Diagramm aufgetragen ist, so erhält man für jeden der beiden Magnete eine Kurve *m* bzw. *n*, welche die effektive Wirkung gemäß der resultierenden Kurve *o* ergeben. Infolgedessen ist eine verzerrungsfreiere Wiedergabe durch ein derartiges doppelseitiges Telephon möglich. Selbstverständlich ist es auch hier erforderlich, den Abstand der Polschuhe von der Membran einregulierbar zu gestalten, da, wenn die Membran einseitig in der Nähe eines Magneten sich befinden würde, im äußersten rechten oder linken Teil des Diagramms gearbeitet würde, wodurch wieder Verzerrungen entstehen würden.

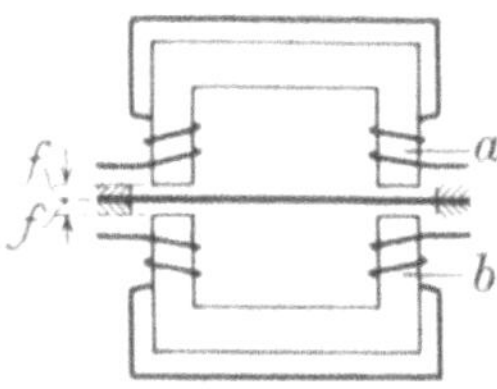

Abb. 20. Schema der Schalldose nach dem Doppelprinzip.

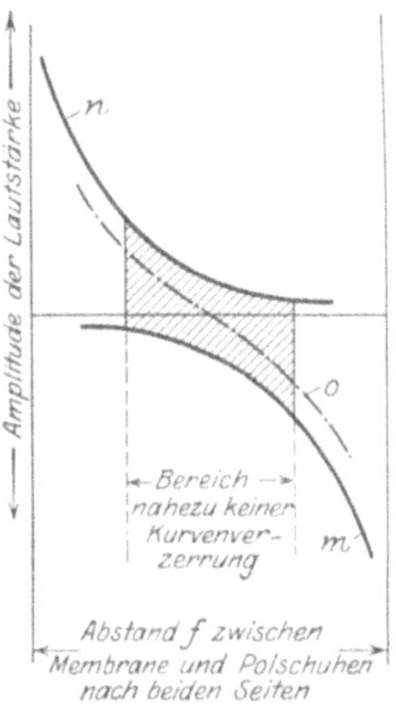

Abb. 21. Abhängigkeit der Lautstärkenamplitude vom Membranabstand bei der Schalldose nach dem Doppelprinzip.

Der Arbeitsbereich einer derartigen Schalldose liegt also in der Mitte und ist durch Schraffur angedeutet.

Praktisch für die Konstruktion einer Schalldose bedeutet dies, daß auch mit Bezug auf verzerrungsfreie Tonwiedergabe die Schalldose gebaut sein muß, daß eine Einstellung der Membran von den Polschuhen gewährleistet ist. Bei den meisten der besseren Schalldosen wird aus diesem Grunde dieser Abstand leicht einregulierbar gestaltet, zu welchem Zweck eine Schraubvorrichtung angeordnet ist (siehe z. B. die Konstruktionszeichnung einer Dose gemäß Abb. 24).

d) Konstruktion der Schalldose eines normalen Zimmerlautsprechers.

Die Schalldose eines normalen Zimmerlautsprechers, wie er von einer ganzen Reihe von Firmen in Deutschland angefertigt

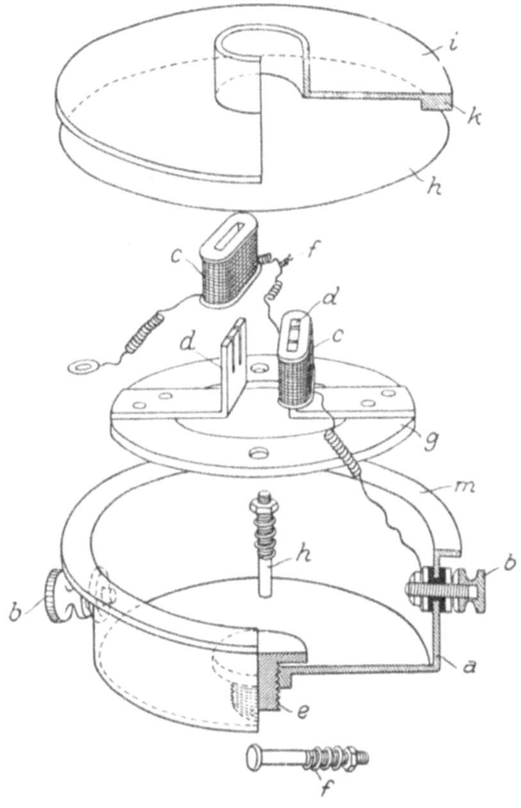

Abb. 22. Prinzipielle Anordnung der Einzelteile einer Schalldose mit Eisenmembran.

wird, ist in perspektivischer Darstellung in Abb. 22 wiedergegeben. Die eigentliche Schalldose *a* muß verhältnismäßig kräftig ausgeführt sein. In diese sind einerseits die Zuleitungen *b* zu den Telephonspulen *c*, von denen die eine auf die geschlitzten Polschuhe *d* aufmontiert dargestellt ist, die andere ist abgehoben gezeichnet.

Andererseits ist am Boden des Schalldosengehäuses eine Mutter *e* eingeschraubt, in welche eine mit einer Spiralfeder versehene Schraube und Mutter *f* eingeschraubt werden kann. Diese Schraube greift in ihrem oberen Teil an der Bodenplatte *g* des Magnetsystems an, während andererseits die Bodenplatte leicht beweglich mit der gleichfalls mit einer Spiralfeder versehenen Schraube *h* verbunden ist. Auf diese Weise wird ein Höher- oder Niedrigerstellen der Polschuhe *d* bewirkt, wodurch der Abstand zur Membran und damit die Empfindlichkeit einreguliert wird.

Auf dem oberen planen Rande *m* der Dose *a* liegt die Membran *h* auf. Diese wird durch das obere Verschlußstück *k* der Lautsprecherdose fest gegen den oberen Rand des Dosenkörpers *a* angepreßt. Zu diesem Zweck werden häufig Gummikörper *k* oder ähnliche elastische Mittel angewendet.

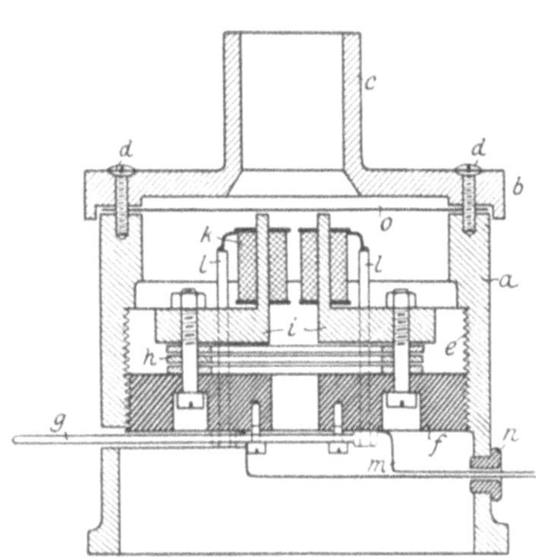

Abb. 23. Schnitt durch eine erprobte, vielfach angewendete Schalldosenausführung.

Durch die Telephonspulen *c* geht der im allgemeinen verstärkte Empfangsstrom. Zu diesem Zweck müssen die Telephonspulen durch die Drahtverbindungen *l* miteinander verbunden werden, und die weiteren Zu- und Ableitungsdrähte *m* sind an die Zu- und Ableitungsklemmen anzuschließen.

Selbstverständlich ist im vorstehenden die Anordnung nur prinzipiell wiedergegeben, und es können in der Ausführung entsprechende Varianten eintreten. Im wesentlichen ist dies jedoch, wie schon oben ausgeführt, ungefähr in maßstäblicher Form der Aufbau der aktiven Schalldosenteile.

Während Abb. 22 eine perspektivische Darstellung des Lautsprechers zeigt, folgt nunmehr in Abb. 23 die genaue Zeichnung einer Konstruktion, wie sie sich in der Praxis bestens bewährt hat. Es bezeichnet in dieser Abbildung:

a die Schalldose, welche am besten aus Aluminium hergestellt ist,
b die obere Dosenabschlußplatte, die gleichfalls aus Aluminium hergestellt ist,
c das Ansatzstück für den Schalltrichter,
d die Befestigungsschraube der oberen Abschlußplatte,
e das Gewinde zur Einstellung des Magnetsystems,
f eine aus Hartgummi oder einem anderen geeigneten Isoliermaterial hergestellte Grundplatte für den Aufbau des Magnetsystems,
g ein Einstellhebel, mittels dessen die Grundplatte *f* gehoben und gesenkt werden kann, wodurch der Abstand der Magnetpole von der Membran und somit die Empfindlichkeit der Schalldose einreguliert wird,
h ein Magazin von drei Hufeisenmagneten,
i die aus weichem Eisen hergestellten Polschuhe, welche vorteilhaft dreimal geschlitzt werden,
k die Magnetspulen der Schalldose,
l die Stromzuführungsbolzen zu den Magnetspulen,
m die Zuführungsdrähte, welche mit den Zuführungsbolzen leitend verbunden sein müssen,
n eine isolierte Buchse für die Einführung der Zuleitungsdrähte bzw. Zuleitungslitzen,
o die Weicheisenmembran.

e) Andere Konstruktionsformen von Schalldosen.

α) Ausführung der W. A. Birgfeld A. G.

Ein nicht unwesentlicher Vorteil des elektromagnetischen Telephonsystems besteht darin, daß es in einfacher Weise möglich ist, die Dimensionen zu vergrößern, um ein größeres Schallvolumen, also auch eine größere Schallintensität zu erzeugen.

Demgemäß zeigt Abb. 24 die entsprechend vergrößert ausgeführte Schalldose der normalen Nesper-Hörerkonstruktion der W. A. Birgfeld A. G. in zwei Schnitten und einer Draufsicht auf das Magnetsystem nebst Polschuhen sowie der Hörermuschel und der Membran. Aus der Abbildung ist auch der Zusammenbau der in diesem Fall zweifachen Magnete mit den Polschuhen erkennbar, welche, aus massivem Material hergestellt, mit einigen Einschnitten ausgeführt sind, um das Auftreten von Wirbelströmen möglichst zu verhindern.

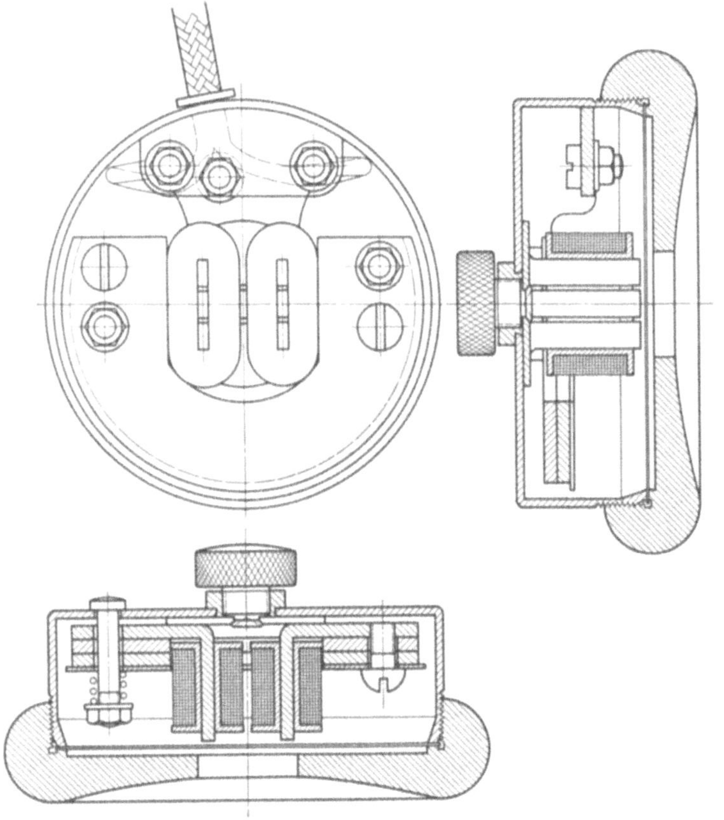

Abb. 24. Konstruktionszeichnung einer Schalldose mit Einstellvorrichtung.

Die Einregulierung, welche durch die aus dem Gehäuse herausragende Schraube bewirkt wird, arbeitet allerdings nicht völlig symmetrisch, d. h., es ist eine gewisse Exzentrizität der Einstellung möglich. Immerhin ist diese so gering, daß sie praktisch keine wesentliche Bedeutung hat.

β) Das Brownsche Zungentelephon.

Auch das Brownsche Zungentelephon kann mit gutem Erfolg für die Herstellung der Schalldose benutzt werden.

Teils schematisch, teils den wirklichen Verhältnissen entsprechend, gibt Abb. 25 ein derartiges Zungentelephon in zwei

Schnitten, Abb. 26 in Ansicht von oben wieder. Das Magnetsystem wird aus den Spulen *a* gebildet, welche auf die Polschuhe *b* aufgeschoben sind. Letztere bilden die Fortsetzung des Magneten *c*. Die Polschuhe wirken auf die aus Weicheisen gebildete Zunge *d*, die ihrerseits auf dem Halteblock *e* befestigt ist, andererseits auf dem Anschlag *f* aufruht. Die Einstellung erfolgt mittels der Schraube *g*, wodurch der Luftspalt zwischen der Zunge *d* und den Polschuhen *b* außerordentlich fein einreguliert werden kann. Hierdurch wird eine Variation des Magnetschlusses herbeigeführt. Gleichzeitig wird die Empfindlichkeit und auch die Abstimmung der Zunge variiert. Mit der Zunge *d* ist die Membran *h* fest verbunden, wodurch die äußerst geringen Bewegungen der Zunge in Schallintensität umgeformt werden. Auch die Befestigung der Membran an der Dose des Telephons stellt eine Besonderheit dar, indem sie entweder aus sehr dünnem Papier, aus Fischblase oder dergleichen angebracht ist. Bei neueren Konstruktionen scheint Brown dieses vermieden zu haben, indem er die Membran mit einer zentrischen Eindrückung versieht, wodurch eine besonders gute Elastizität und somit verzerrungsfreie Schallwiedergabe erzielt wird.

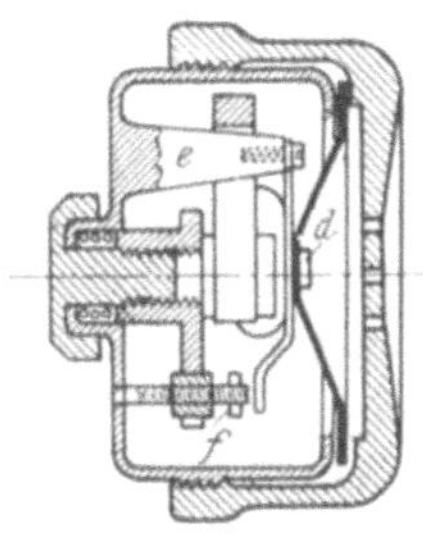

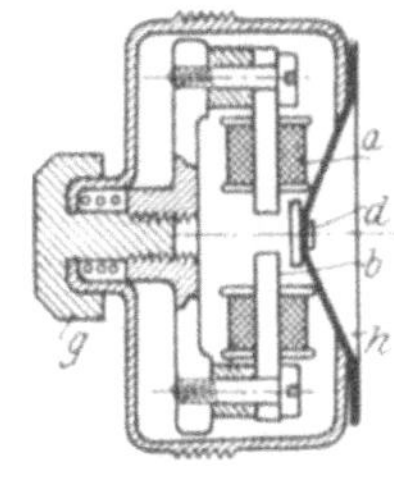

Abb. 25. Schnitte durch das Brownsche Zungentelephon.

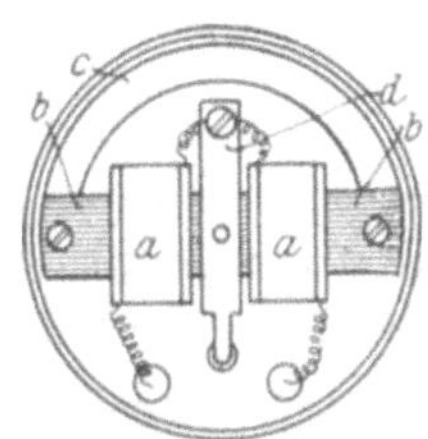

Abb. 26. Ansicht von oben auf das Brownsche Zungentelephon.

f) Einstellungsarten des Magnetsystems bei Schalldosen mit Eisenmembranen[1]).

Grundsätzlich sind drei verschiedene Möglichkeiten für die Einstellung vorhanden, sofern man auf eine genau zentrische Ein-

[1]) Die Abb. 27, 28 und 29 wurden mir von Herrn D. v. Mihály freundlichst zur Verfügung gestellt, welchem ich auch an dieser Stelle hierfür meinen Dank ausspreche.

regulierung Wert legt. Bei der in Abb. 26 wiedergegebenen Anordnung wird eine genau zentrische Regulierung nicht bewirkt, vielmehr findet, da eine Art Hebelwirkung stattfindet, eine nicht ganz zentrische Einregulierung statt.

Die Einregulierung gemäß Abb. 27 besteht darin, daß die Schalldose mit Gewinde *a* versehen ist, und daß der mit der Membran verbundene Ring *b* gleichfalls mit Gewinde versehen ist, so daß durch Drehen der beiden Gewinde aufeinander der Abstand der Pole von der Membran willkürlich eingestellt werden kann.

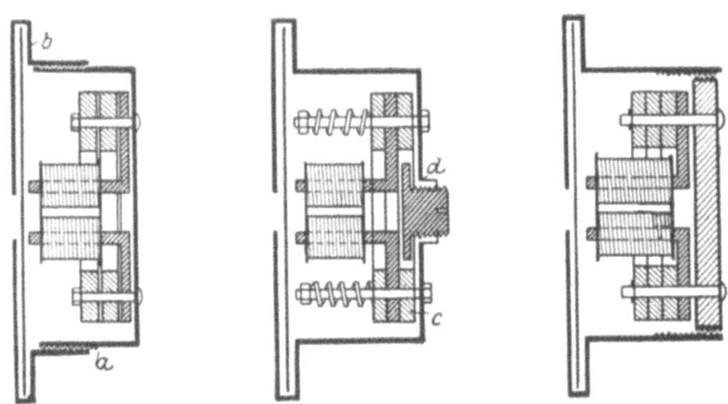

Abb. 27. Zentrische Einstellung der Membran. Abb. 28. Zentrische Einstellung durch rückwärtige Schraube. Abb. 29. Zentrische Einstellung durch Verdrehung der Grundplatte.

Der Nachteil dieser Anordnung wird in vielen Fällen darin bestehen, daß für die Drehung des Ringes auf der Kapsel mehr oder weniger Kraft anzuwenden ist, wodurch das Feingefühl für die Einregulierung entsprechend verloren gehen kann.

Bei der Anordnung nach Abb. 28 ist ein anderer Weg gewählt, indem das gesamte Magnetsystem auf einer Grundplatte *c* aufgebaut ist, die ihrerseits durch eine Schraube *d* mehr oder weniger gehoben werden kann. Diese Schraube kann in primitiver Ausführungsform mit einem Schlitz versehen sein, so daß die Hinein- oder Herausdrehung der Schraube in die Kapsel durch einen Schraubenzieher oder dergleichen bewirkt werden kann. Man kann aber auch ohne weiteres die Schraube z. B. mit einer Flügelmutter versehen, um die Einstellung besser im Gefühl zu haben.

Die Ausführung gemäß Abb. 29 ist insofern 28 ähnlich, als die Bodenplatte, auf welcher das Magnetsystem angeordnet ist, durch Hinein- oder Herausschrauben gehoben oder gesenkt werden kann.

g) Konstruktive Ausführung der Einstell- und Ablesevorrichtung an Schalldosen für Lautsprecher.

Um die günstigste Wirkung zu erzielen, ist naturgemäß bei den Schalldosen mindestens aller besseren Ausführungen die Anbringung einer Einstellvorrichtung notwendig. Diese muß so beschaffen sein, daß sie vom Laien ohne besondere Anleitung bedient werden kann, und daß sie leicht das Optimum der Wiedergabe einzustellen gestattet, wobei natürlich zu berücksichtigen ist, daß nicht etwa eine Überdrehung und hierdurch bewirkte Beschädigung der Membran, des Ankers oder dergleichen der Schalldose eintreten kann.

Recht zweckmäßig — wenn auch der Effekt nicht überschätzt werden darf — ist die Kombination der Einstellvorrichtung mit einer Ablesevorrichtung, also beispielsweise mit Zeiger, Skala oder dergleichen.

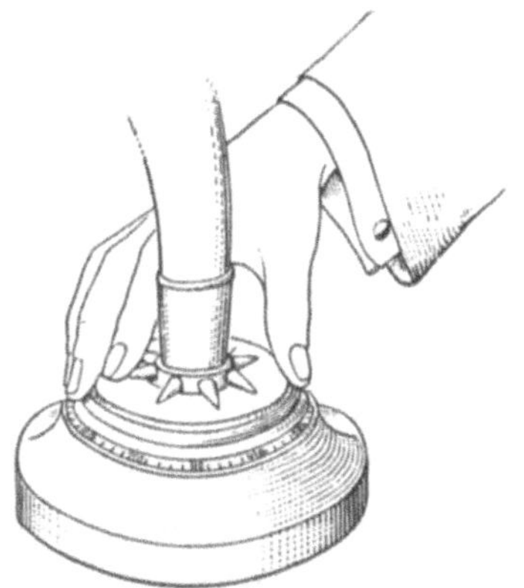

Abb. 30. Einstell- und Ablesevorrichtung an Schalldosen.

Eine solche einfache Ausführungsform der Atlas-Werke in New York zeigt Abb. 30 während der Benutzung. Eine rendererierte Mutter, welche den Membranabstand gegenüber den Magnetpolen einreguliert, kann leicht von Hand gedreht werden. Sie ist mit einer Marke versehen, welche auf einer Skala spielt.

Es ist mit einer derartigen Einrichtung im großen ganzen möglich, sich die einmal als günstigst erprobte Einstellung zu merken und diese beispielsweise für bestimmte Darbietungen wieder herzustellen. Da aber schon verschiedene Empfangsumstände die günstigste Einstellung wesentlich beeinflussen können und auch noch die Verstärkung und die Eigenschaften der Schalldose an und für sich hinzukommen, ist es durchaus nicht gesagt, daß sich die betreffende erprobte Einstellung bei allen Empfängen immer wieder als das Optimum ergibt.

Ferner spielt aber auch die Luftkopplung zwischen Membran und unterer Trichteröffnung eine nicht unerhebliche Rolle. Um sowohl den günstigsten Wirkungsgrad als auch die verzerrungsfreieste Wiedergabe erzielen zu lassen, empfiehlt es sich, diesen Luftkopplungsraum möglichst klein zu machen. Infolgedessen beträgt derselbe z. B. bei den sehr guten Brownschen Lautsprechern nur wenige cm^3. Eine Verkleinerung dieses Raumes ist wie gesagt nach Möglichkeit anzustreben. Der Abstand zwischen Membran und unterer Trichteröffnung, also dem Beginn der Erzeugung der stehenden Welle, soll möglichst klein sein und tunlichst nicht über 2 cm^3 ausmachen.

5. Membran.

Die der Lautsprecherschalldose zugeführte elektrische Energie muß einerseits die Membran in Tätigkeit versetzen, also ihre Massenträgheit überwinden, andererseits muß ein genügendes für die Schallwiedergabe ausreichendes Luftvolumen in Schwingungen versetzt werden. Diese Arbeitsleistung ist c. p. um so größer, je größer die Masse der Membran ist; es empfiehlt sich daher aus diesem Grunde, die Masse der Membran so gering wie möglich zu halten.

A. Dämpfungsdekrement und Resonanzfähigkeit der Membran.

Das Dämpfungsdekrement der Membran ist gegeben durch den Ausdruck (G. Seibt, 1920):

$$\mathfrak{d} = \frac{a}{2\,\nu \cdot \mathfrak{M}}$$

Hierin bedeutet:

a = ein Faktor, der die Schallabgabe an die Luft, die innere Reibung der bewegten Massen, die Luftreibung an den Wänden, Entstehung von Luftwirbeln involviert,

ν = die Frequenz,

$\mathfrak{M}$ = die Masse der bewegten Telephonmembran.

Es ist aus diesem Ausdruck für die Dämpfung ersichtlich, daß man das Dekrement vermindern, also die Resonanzfähigkeit erhöhen kann, da die andern Größen sämtlich gegeben sind, indem man die Masse der Telephonmembran erhöht. Allerdings geht dieses nur bis zu einem gewissen Grade, da von einer gewissen Membranstärke an die Dämpfung wieder wächst.

Eine Herabsetzung der Dämpfung kann offenbar nur bewirkt werden, indem man das Mitschwingen des Telephongehäuses möglichst gering macht. Dieses aber führt dazu (H. W. Sullivan 1908, G. Seibt 1920), den Durchmesser der Telephonmembran gering zu halten, und, um die größere Masse herzustellen, diese evtl. künstlich durch ein aufgesetztes Gewicht oder dergleichen zu vergrößern.

B. Berücksichtigung der Eigenschwingungszahl der Membran.

Ein Umstand, auf den offenbar bisher viel zu wenig geachtet worden ist, liegt in der Berücksichtigung der Eigenschwingungszahl der Membran. Die bisher üblichen Membranen haben Eigenschwingungen unter 2000 pro Sekunde, meistens von etwa 1200, was für die Vokale A, O und U günstig ist, hingegen nicht für solche, die höhere Eigenschwingungszahlen besitzen. Für letztere wären Membranen mit Eigenschwingungszahlen in der Größenordnung von mehreren tausend pro Sekunde erheblich geeigneter.

Die Membran eines Hörers muß im übrigen so dimensioniert und eingespannt werden, daß sie Eigenschwingungen nach Möglichkeit nicht ausführen kann, sondern lediglich erzwungene Schwingungen. Nur Schalldosen, welche dieser Anforderung genügen, sind für den R.T.-Empfang brauchbar.

Diese Forderung wird um so besser erreicht, je schärfer die Membran angespannt ist und je dünner und hochwertiger das Blech ist, aus welchem sie besteht. Allerdings ist durch die magnetische Sättigung, welche bald erreicht ist, eine Grenze gesteckt, welche nicht überschritten werden darf, da sonst zuviel an Lautstärke verloren geht.

Um die Wirkung des Unterdrückens der Eigenschwingungen noch weiterhin zu verbessern, sind bei manchen Telephonen besondere Dämpfungsmittel angebracht worden. So hat sich z. B. das Auftropfen von etwas Wachs auf die Membran oft als zweckmäßig herausgestellt (siehe auch unter C).

C. Abstimmung der Membran.

Die Mittel, welche im großen ganzen anzuwenden sind, um die vorstehende Aufgabe möglichst vollkommen zu erfüllen, sind folgende:

Die Membran soll möglichst klein dimensioniert und leicht ausgeführt sein und tunlichst stark gespannt werden. Allerdings sind diese Forderungen zum Teil der zu erzielenden Schallintensität abträglich. Eine größere Membran wird bei gleichem Energieaufwand mehr Schallintensität hergeben als eine kleine; und eine scharf gespannte Membran läßt erheblich weniger Lautstärke erzielen als eine weniger gespannte. Infolgedessen muß man, wie stets in der Technik, ein Kompromiß schließen und sowohl mit der Dimensionierung nicht zu weit heruntergehen, als auch die Membran nicht allzu scharf anspannen, sondern vielmehr durch andere dämpfende Mittel versuchen, die Maximalamplitude der Resonanzhöcker abzuflachen. Dieses geschieht dadurch, daß man die Membran durch Filz-, Gummistreifen oder dergleichen abdämpft, und indem z. B. durch Flaumfedern die Membranschwingungen teilweise abgefangen werden. Hierdurch ist es besonders möglich, die als Schwirrtöne hervortretenden Geräusche zu reduzieren.

Um bei den tieferen Frequenzen die genügende Schallenergie zu erzielen, ist es erforderlich, eine entsprechend große Verstärkung zu verwenden, welche bei den höheren Frequenzen teilweise vernichtet wird.

Ein weiteres wesentliches Mittel besteht darin, daß der Abstand zwischen Membran und Polschuhen nicht allzu gering gewählt wird. Bei Besprechung der Abhängigkeit der Lautstärkenamplitude vom Membranabstand (S. 27) war festgestellt worden, welche Wirkung der Abstand der Membran von den Polschuhen besitzt. Die Berücksichtigung dieser Verhältnisse gilt in ungleich höherem Maße infolge der sehr viel größeren Lautstärkeamplitude naturgemäß für den Lautsprecher. Infolgedessen sind wohl alle Membranlautsprecher, und dieses ist bisher der größte Prozentsatz der Lautsprecherkonstruktionen überhaupt, mit Einstellvorrichtungen versehen, welche den Abstand der Polschuhe von der Membran einzuregulieren gestatten.

D. Mittel, um gute Schallwirkung beim Lautsprecher zu erzielen.

Als wesentlicher Gesichtspunkt für die Konstruktion des Magnetsystems eines Lautsprechers gilt weiterhin die besondere

Forderung, daß die Angriffsfläche möglichst klein sein soll. Am idealsten wäre natürlich aus theoretischen Gesichtspunkten heraus ein punktförmiger Angriff, da allgemein so die reinsten Schwingungen der Membran erwartet werden könnten. Dieses läßt sich natürlich nur sehr angenähert erzielen, z. B. durch Konstruktionen nach dem Topfmagnetsystem. Dieses zeigt jedoch wieder den Nachteil verhältnismäßig geringer Lautstärke. Infolgedessen muß man zwischen beiden Forderungen ein Kompromiß schließen.

a) Einspannung der Membran.

Während es, insbesondere bei den elektromagnetischen Lautsprechern, ursprünglich gleichsam als Axiom betrachtet wurde, die Membran fest einzuspannen, ist man neuerdings zuweilen hiervon abgegangen und hat für die Einspannung namentlich Gummi oder ähnliche elastische Materialien verwendet. (Siehe z. B. den Lautsprecher von Pfleger & Meyer.) Das Optimum muß auch hier von Fall zu Fall bei der Konstruktion am besten durch Versuche festgestellt werden. Allgemeine Regeln und Gesetze scheinen bisher noch nicht gefunden zu sein.

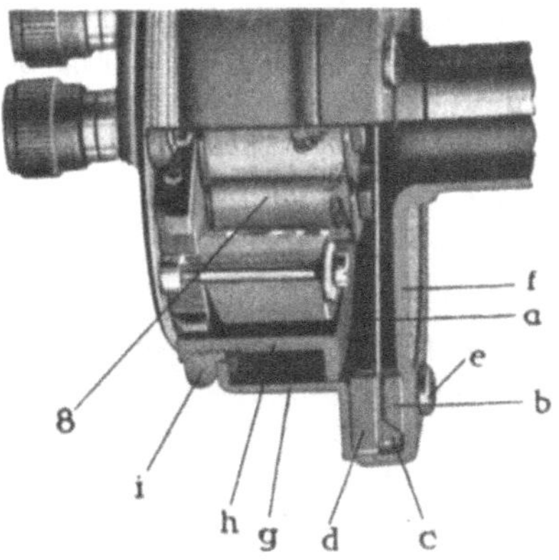

Abb. 31. Membraneinspannung der C. Lindström A. G.

Die Aufgabe, die Membran nach allen Richtungen hin gleichmäßig anzuspannen, ist von der C. Lindström A.-G., Berlin SO. 33, in folgender Weise gemäß Abb. 31 gelöst worden.

Die Membran *a* wird durch Pressung zwischen den konisch gestalteten Ringen *b* und *c* und dem Stützring *d* mittels der Schrauben *e* durch den Schalldosendeckel *f* in radialer Richtung scharf gespannt, so daß die Eigenschwingung der Membran verhältnismäßig außerordentlich hoch liegt.

In der Abbildung bezeichnet ferner *g* das Schalldosengehäuse, in welches die Führungshülse *h* eingesetzt ist, die das Magnetsystem mit seinen Anschlußelementen trägt und mittels des Stellrings *i* beliebig einreguliert werden kann.

b) Formgebung der Membran.

Um ein möglichst großes Schallvolumen zu erzielen, ist es natürlich notwendig, die Membran größer als in gewöhnlichen Kopfhörern zu gestalten.

Im allgemeinen wird es auch erforderlich sein, der Membran eine größere Steifigkeit zu verleihen, bzw. die Membran schärfer anzuspannen, um bei eingespannten Membranen das geforderte Schallvolumen mit möglichst geringen Amplituden der Membran zu erzielen.

Sofern man die Membran nicht mehr scharf einspannt, sondern beispielsweise nach dem Vorgange von Brown mit Einkerbungen, Riffelungen oder dergleichen versieht, gelten diese Gesichtspunkte allerdings nur bedingt.

Um den gewünschten Effekt zu erzielen, ist man im übrigen zuweilen von der Planformgebung abgegangen und zu kugel-, kalotten-, kegelförmigen und ähnlich gestalteten Membranen übergegangen, welche durch den aktiven Lautsprecherteil betätigt werden.

Eine grundsätzliche Forderung für die Membran jedes Lautsprechers ist natürlich die, daß nicht etwa ein Hervortreten der Resonanzlage bewirkt wird. Die Eigenschwingungszahl der Membran muß daher entweder erheblich größer als die Frequenzen des akustischen Bereiches sein, oder aber, was wohl kaum der Fall ist, sie müßte tiefer liegen, also eine Eigenschwingungszahl unter 30 Schwingungen pro Sekunde besitzen. Wohl bei fast allen Ausführungen wählt man die Eigenschwingungszahl der Membran unter Berücksichtigung des Einspannungszustandes erheblich höher, als der Frequenz des übermittelten Tonbereiches entspricht. Die Frequenz muß also über 10000 Schwingungen pro Sekunde liegen.

c) Künstliche Dämpfung.

Es hat sich als zweckmäßig herausgestellt, die Membranen künstlich zu dämpfen, um nicht gewünschte Oberschwingungen auch auf diesem Wege nach Möglichkeit unschädlich zu machen. Teils hat man zu diesem Zweck die Membranen mit einem gewissen Überzug versehen, teils aber hat man den Raum zwischen

Membranen und dem aktiven Lautsprecherteil z. B. durch Flaumfedern, Watte, Glaswolle oder dergleichen ausgefüllt. Auch ein Ausgießen durch Wachs, Paraffin oder dergleichen ist wohl gelegentlich ausgeführt worden.

Bei allen diesen Anordnungen ist natürlich darauf zu achten, daß nicht etwa im Laufe des Betriebes die Dämpfungsstoffe zusammengedrückt werden und hierdurch eine unter Umständen ungünstige Einwirkung auf die Funktionen der Membran ausüben können. Diese Forderung ist in vollkommen befriedigender Weise bisher wohl noch nicht gelöst worden.

E. Die Eisenmembranen.

Die günstigsten Resultate, sowohl was Lautstärke als auch Tonreinheit anbelangt, scheinen bisher mit Ferrotypblech erzielt worden zu sein, und zwar benutzt man für Kopfhörermembranen eine Stärke von etwa 0,16—0,18 mm, während für die normalen Zimmerlautsprecher Stärken bis zu etwa 0,5 mm in Betracht kommen.

Da meist die Gefahr eines Anrostens dieser Membran vorliegen wird, ist man häufig dazu übergegangen, diese Membran zu lackieren. Dieses muß mit Vorsicht geschehen, damit nicht durch den Lacküberzug eine Verschlechterung der Tonreinheit eintritt.

Es sind, um diesem Übelstand zu begegnen, hochlegierte deutsche Membranbleche von Schoenwerck, G. m. b. H., Berlin NO. 18, in Vorschlag gebracht worden, welche eine Brünierung der Oberfläche aufweisen und infolgedessen einer Rostgefahr nicht ausgesetzt sind.

Auch die Vergoldung der Membran ist namentlich früher zuweilen ausgeführt worden.

F. Membranen aus anderen Stoffen.

Sowohl die für die Membranen verwendeten Stoffe als auch deren Formgebung und Stärke sind mannigfaltigst abgeändert worden.

Aber auch Membranen aus nicht magnetischen Metallen, wie z. B. Aluminium, sind für manche Konstruktionen sehr beliebt. (Brown, Seibt usw.)

Recht gute Resultate kann man ferner mit Membranen erzielen, die aus Glas, Glimmer oder ähnlichen Stoffen hergestellt sind. Allerdings ist hierbei auf die evtl. vorhandenen Vorspannungen, welche im Material vorhanden sind, zu achten. Auch Membranen aus Holzstoffen können unter Umständen recht gute Resultate ergeben. Allerdings ist es bisher hierbei wohl kaum vollkommen gelungen, die Einwirkungen der Luftfeuchtigkeit auf den Betrieb des Lautsprechers zu verhindern.

Recht gut haben sich Papiermembranen bewährt, welche entweder im gepreßten oder glatt ausgespannten Zustande oder aber auch gefaltet der Membran die notwendige gewisse Steifigkeit verleihen. Im allgemeinen werden allerdings auch diese Stoffe nicht ganz unhygroskopisch sein, und sie scheinen bisher auch durchweg den Nachteil einer nicht allzu großen Schallamplitude ergeben zu haben. Immerhin ist aber die Klangwiedergabe, welche mit solchen Membranen erzielt werden kann, eine verhältnismäßig recht gute.

Abb. 32. Seidenmembran des Silvervoice-Lautsprechers (Radiotive Corporation, Brooklyn, N. Y.).

Auch die meisten anderen Stoffe, welche sich ausspannen lassen, wie z. B. Gummi usw., sind für die Herstellung von Membranen verwendet worden. Bezüglich derselben gilt ungefähr dasselbe, wie bei den Papiermembranen ausgeführt wurde.

Auch Seide ist von mehreren Konstrukteuren benutzt worden. Eine besonders originelle Ausführung der Membran von der Radiotive Corporation in Brooklyn zeigt Abb. 32. Diese „Silvervoice“ genannte Membran besteht aus Seide, auf welche in bestimmten Abständen Ringe aufgepreßt sind, wodurch ein besonders klangreiner Effekt erzielt werden soll.

6. Trichter.

A. Aufgaben des Trichters. Schallausbildung und Geschwindigkeit.

Der Schalltrichter hat grundsätzlich zwei Aufgaben. Einerseits sollen durch ihn die Schallwellen, welche von dem aktiven Teil des Lautsprechers erzeugt werden, eine bestimmte Richtung erhalten; ferner aber soll nach Möglichkeit durch den Trichter eine Verstärkung der Amplitude bewirkt werden. Mit Bezug auf letzteren Punkt hat er eine ähnliche Funktion wie die Ansatzstücke von gewissen Blasinstrumenten, wodurch stehende Luftwellen erzeugt oder wenigstens begünstigt werden sollen.

Diese letztere Funktion ist die verhältnismäßig unwichtigere, aber auch diejenige, wodurch die meisten Störungen und Verzerrungen in die Darbietungen hineinkommen. Es entstehen nämlich hierdurch, wie Abb.33 zeigt, entsprechende Luft-verdickungen und -verdünnungen, welche Reibungserscheinungen an der Trichterwand hervorrufen. Außerdem wird naturgemäß die Trichterwandung und das Material stets einen mehr oder weniger ausgeprägten Einfluß haben, welcher allerdings für gewisse Tonbereiche günstig gewählt sein kann, der aber im allgemeinen doch verhältnismäßig ungünstig ist.

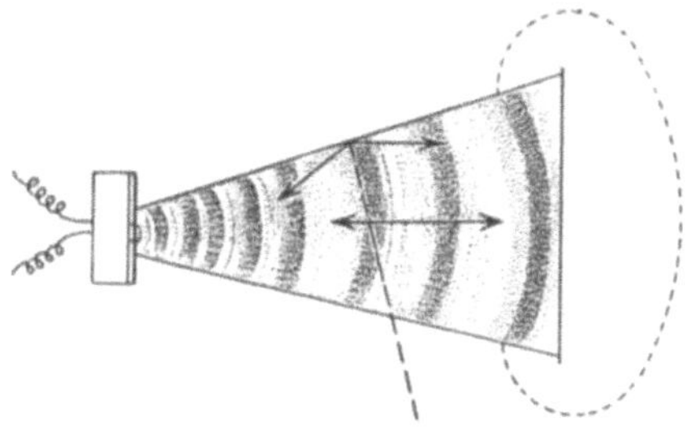

Abb. 33. Auftretende Luft-verdickungen und -verdünnungen in einem offenen mit der Schalldose verbundenen Trichter.

Die Verstärkungswirkung durch den Trichter ist eine verhältnismäßig so geringe, daß ihr zuliebe der Nachteil einer mehr oder weniger ausgeprägten Verzerrung und Beeinträchtigung kaum mit Recht geltend gemacht werden kann.

Eine weitere Aufgabe des Trichters, insbesondere bei besseren Konstruktionen, besteht darin, daß die z. B. durch die Schalldose etwa erzeugten Resonanzlagen möglichst eliminiert, mindestens aber für das Gehör in ihrer Wirkung vermindert werden.

Die Aufgaben, welche der Trichter eines Lautsprechers zu erfüllen hat, sind also im wesentlichen dieselben wie beim Grammophon. Im großen ganzen kann man sagen, daß alle Erfahrungen, welche im Grammophonbau diesbezüglich gemacht worden sind, auch auf den Trichterbau für Lautsprecher übertragen werden können.

Die Geschwindigkeit der Schallwellen im Innern des Trichters ist eine verschieden große, je nachdem, ob sich der betr. Luftteil mehr nach der Mitte oder nach dem Rande des Trichters zu befindet. Ein Anschauungsbild der in einem Trichter auftretenden Geschwindigkeit erhält man gemäß Abb. 34, indem man als

Ordinaten die Geschwindigkeiten aufträgt. Dieselben besitzen in der Achsrichtung des Trichters den größten Wert und nehmen nach dem Rande zu ab. Hierselbst neigen sie im übrigen infolge der Reibung der Luftteilchen an den Wandungen zu Wirbelbildungen, wodurch weiterhin die aus dem Schalltrichter hervorkommende Schallwirkung mehr oder weniger beeinträchtigt werden kann.

Auch die Bildung von Reflexionen an den Wandungen ist zu berücksichtigen und ist für die Formgebung namentlich der gebogenen Trichter von entscheidendem Einfluß gewesen.

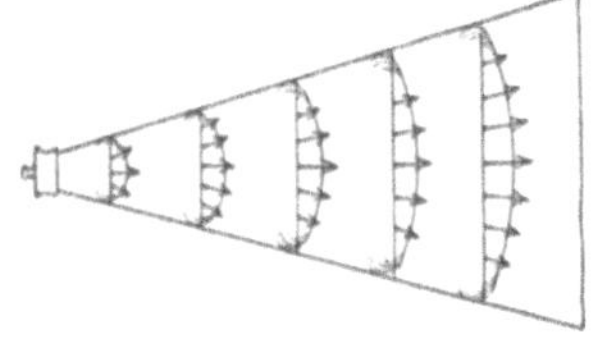

Abb. 34. Schallschwingungen im Trichter.

Es ist ferner zu berücksichtigen, daß mehr und mehr eine Pfeifenwirkung (offene Pfeife) hinzukommt, je geringer die Steigung des kegelförmig gestalteten Trichterteiles und je größer die Trichterlänge ist.

Alle diese Verhältnisse lassen sich zur Zeit rechnerisch kaum erfassen. Es ist daher ratsamer, dieselben von Fall zu Fall empirisch zu ermitteln, um so mehr als, wie schon zum Ausdruck gebracht, nicht nur die Formgebung des Trichters, sondern auch sein Material wesentlich ist.

B. Ausbildung des Trichters.

Abgesehen von gewissen Konstruktionen, welche unten erwähnt sind, arbeiten bisher die meisten Lautsprecher mit einem Trichter. Für die Klangreinheit und Schallwiedergabe ist der Trichter von größter Bedeutung.

An den Trichter werden im wesentlichen ähnliche Anforderungen gestellt, wie an die Membran, insbesondere die, daß bei möglichst großer hiermit zu erzielender Lautstärke weder besondere Oberschwingungen bevorzugt, noch etwa Verzerrungen der Schallwiedergabe begünstigt werden.

Wenngleich aus theoretischen Gesichtspunkten ein trichterloser Lautsprecher das Optimum darstellen würde, so kommen doch praktische Momente hinzu, welche einerseits in vielen Fällen die Beibehaltung eines Trichters, besser noch eines Reflektors wünschenswert erscheinen lassen, andererseits auch Trichterlautsprecher als vielfach recht brauchbar erscheinen lassen.

Insbesondere wird in allen Fällen durch Hinzunahme des Trichters der an sich überaus schlechte Wirkungsgrad des Lautsprechers wesentlich verbessert, d. h. es wird hierdurch die erzielbare Lautstärke in bestimmter Richtung erhöht. So ist es beispielsweise möglich, durch Aufsetzen des Trichters den Lautsprechermechanismus viel geringer zu beanspruchen und infolgedessen hierdurch weniger Verzerrungen, Herausziehen von Resonanzlagen usw. herbeizuführen, als im allgemeinen beim trichterlosen Lautsprecher mit normaler Schalldose.

Der Trichter soll, wie gesagt, das Bevorzugen von Resonanzlagen ebenso vermeiden, wie das Entstehen von Verzerrungen nicht begünstigen. Allerdings kann unter Umständen sogar der Wunsch vorhanden sein, Resonanzlagen durch den Trichter doch zu verstärken, nämlich in den Bereichen, in welchen die Resonanzlagen der Membran benachteiligt sind. Allerdings ist dieses eine außerordentlich schwierige Aufgabe, welche bisher kaum befriedigend gelöst worden ist.

Der Trichter soll in jedem Falle, um die Lautstärke in bestimmter Richtung zu erhöhen, das Auftreten von stehenden akustischen Wellen hervorrufen.

Auf die Formgebung des Trichters kommt es sehr wesentlich an. Die Steigung der Wandungen soll ziemlich stark sein und eine genügend große Austrittsöffnung ergeben. Für den einfach gebogenen Trichter ist wahrscheinlich die alte Edisonform die günstigste. Jedenfalls konnten mit ihr in zahlreichen Fällen recht befriedigende Wirkungen erzielt werden.

Recht gute Maße, welche Trichterschablonen, die in viereckiger Form z. B. aus Pappe oder Sperrholz selbst hergestellt werden können (F. König), zeigt Abb. 35.

Um das durch den Trichter bewirkte Phänomen zu unterstützen, kann es vorteilhaft sein, die aus der Trichteröffnung hervorkommenden akustischen Schwingungen in Form stehender Wellen auf das Ohr einwirken zu lassen, was dadurch geschieht, daß der Trichter in einem bestimmten Abstand, welcher durch Versuche gefunden werden muß, gegen eine Wand hin gerichtet wird. Man hat infolgedessen auch Konstruktionen angegeben, bei welchen eine derartige akustische Reflexionswirkung in der Lautsprecherkonstruktion selbst bewirkt wird (siehe unten).

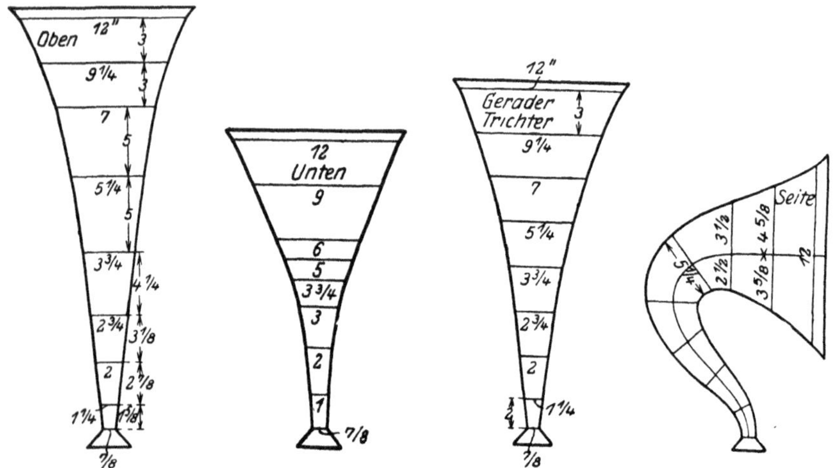

Abb. 35. Schablonen für viereckig gestaltete Trichter zum Selbstherstellen nach F. König.

C. Trichtermaterialien.

Von größter Bedeutung für die richtige Arbeitsweise des Trichters ist das Material, aus welchem derselbe hergestellt wird. Von dem Trichter muß verlangt werden, daß er eine genügende Masse besitzt, bzw. aus einem Material hergestellt ist, welches eine niedrige Eigenfrequenz aufweist, so daß er in dem musikalischen Wellenbereich keine Störwirkungen hervorrufen kann. Anzustreben ist, daß die Eigenfrequenz des Trichters tunlichst unter 300 Schwingungen pro Sekunde liegt.

Die Trichter für Lautsprecher können aus den verschiedenartigsten Materialien hergestellt werden, müssen aber die Aufgabe erfüllen, möglichst keine ausgesprochenen Resonanzlagen aufzuweisen.

Man kann diese Forderung nicht nur mit Trichtern aus Hartpappe, gewissen Kunstprodukten, einigen Holzarten und dergleichen erzielen, sondern auch mit gewissen Blechmaterialien, deren Wandungen jedoch kräftig genug gewählt werden müssen. Verwendet man dünnwandiges Blech, so werden gewisse Oberschwingungen bevorzugt und es wird ein trompetenartiger Charakter der Schallwiedergabe erzielt. Ein nicht allzu dünnwandiger Aluminiumtrichter, welcher gedrückt ist oder bei welchem die Wände entsprechend zusammengefalzt sind, kann recht brauchbare Resultate erzielen.

Bevorzugt werden Trichter aus solchen Metallen, die möglichst nicht zu besonderen Eigenschwingungen neigen, wie beispielsweise Zink, Aluminiumguß und dergleichen.

Aber auch ganz andere Stoffe sind für den Bau von Trichtern herangezogen worden, wie z. B. Glas, namentlich aber auch Steingut und ähnliches. Mit diesen sind häufig recht gute Resultate erzielt worden. Trichter aus Pappe bzw. Papiermaschee geben häufig recht gute Resultate.

Auch Kunststoffe wie Galalith, bakelisierte Pappe und dergleichen hat man vielfach mit recht gutem Erfolg für den Bau von Schalltrichtern verwendet.

Abb. 36. Holztrichterendstück (Amplion-Lautsprecher).

Recht beliebt sind Holztrichter oder wenigstens Holzendstücke (siehe z. B. Abb. 36), da Holz infolge sehr hervorragender Eigenschaften als Resonanzboden ohne meist besondere Hervorkehrung von Resonanzlagen für Schallwiedergabe sehr geeignet ist. Infolgedessen sind besonders Holzarten beliebt, welche bei möglichster Unveränderlichkeit in zeitlicher Beziehung eine gute Schallwiedergabe verbürgen. Aber auch hierbei ist Vorsicht geboten, damit der Holztoncharakter nicht allzu bemerkbar wird. Vielfach empfiehlt es sich, den Trichter zu bekleben, wodurch gleichfalls die unzulässige Hervorkehrung von Resonanzlagen, Verzerrungen usw. behoben oder wenigstens erträglich gedämpft wird. Sehr beliebt ist ein Bekleben mit Stoffen, wie z. B. Sammet, wodurch eine gewisse angenehme Dämpfungswirkung erzeugt wird.

Eine besonders sorgfältige Ausbildung haben Holztrichter der amerikanischen Compressed Wood Corporation in Chicago erfahren. Diese bestehen offenbar nicht nur aus gepreßten, sondern auch aus entsprechend zusammengeleimten Teilen (Fournieren), wie die drei Trichterabbildungen gemäß Abb. 37, 38, 39 zeigen.

Insbesondere die Ausführung von Abb. 39 weicht wesentlich

gegen die bekannten Trichterausbildungen ab und soll sich gerade für Musikbetrieb besonders eignen.

Es ist zu bemerken, daß bei diesen Ausführungen der Compressed Wood Corporation auch die Füße aus Holz hergestellt sind.

Die mit diesen Holztrichtern erzielte Klangfarbe dürfte verhältnismäßig dunkel sein, so daß sich dieselben wohl am besten für Musik eignen und weniger für Sprache in Betracht kommen.

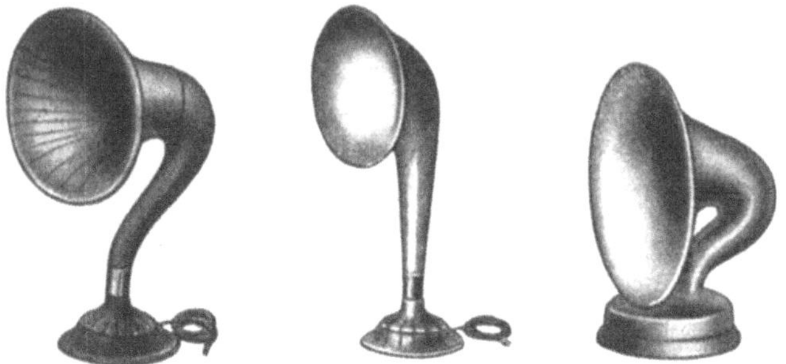

Abb. 37, 38, 39. Holztrichter- und Fußausführungen der Compressed Wood Corporation, Chicago, Ill.

D. Zusammenbau des Trichters mit dem Lautsprecherfuß.

Auf den Zusammenbau von Trichter mit der Schalldose kommt es sehr an. Auch an dieser Stelle ist peinlichst darauf zu achten, daß nicht etwa durch die metallische Rohrkupplung Verzerrungen und Eigenschwingungen entstehen. Zwischenlagen und Ringe aus Gummi, Filz usw. haben sich an dieser Stelle gut bewährt.

Weiterhin ist für die Wirkungsweise des Lautsprechers von größter Wichtigkeit, auf die Dimensionierung und Ausführung des Fußes bzw. Sockels zu achten. Es sind Lautsprecher im Handel zu haben, bei welchen der Fuß aus einem leichten Blechteller besteht. Ein Mitschwingen und Schwirren desselben ist daher unvermeidlich. Es hat sich gezeigt, daß die beste Wirkung mit einem verhältnismäßig schweren, aus Bronze oder Rotguß hergestellten Fuß erzielt werden konnte.

E. Die Trichterform.

Es sind die verschiedenartigsten Formgebungen von Trichtern vorgeschlagen worden. Selbstverständlich spielt hierbei das jeweilig benutzte Material eine wesentliche Rolle. Die saxophonartige Trichterausbildung, wie sie ursprünglich von Edison bei seinen alten Phonographen zuerst angegeben wurde und die ein gewisses Optimum der Formgebung darstellt (siehe Abb. 40), setzt natürlich Metall als Trichtermaterial voraus.

Im übrigen ist aber die Edisonsche Trichterform in mannigfaltigster Weise abgeändert worden, und wenn auch zuzugeben ist, daß im großen ganzen die alte Form im allgemeinen wenigstens für Lautsprecher kleineren Schallvolumens etwa die günstigste Form darstellt, so sind doch gerade für größere Schallenergien in mancher Hinsicht noch bessere Ausführungsformen bekannt geworden.

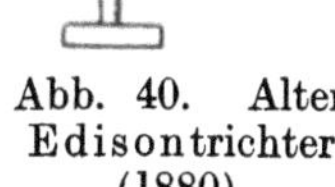

Abb. 40. Alter Edisontrichter (1880).

Einige der im Laufe der letzten Jahre am meisten angewendeten Ausführungsformen sind in den Abb. 41 bis 49 dargestellt.

Der gerade kegelförmige Trichter mit leicht umgebördeltem Rande ist schon seit vielen Jahren von Marconi bevorzugt wor-

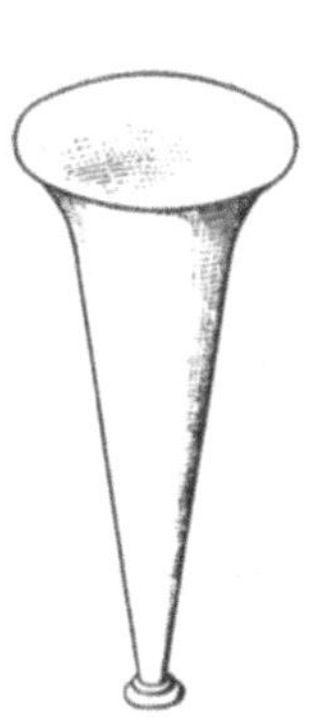

Abb. 41. Kegelförmiger Trichter. Bei allen älteren Radioanlagen angewendet.

Abb. 42. Amerikanischer Trichter.

Abb. 43. Amerikanischer Trichter.

den (siehe Abb. 41). Dieser Trichter eignet sich insbesondere dann, wenn die Schalldose senkrecht z. B. an die Wand gehängt wird, so daß die Trichterachse horizontal verläuft.

Eine ähnliche Ausführungsform, welche namentlich in Amerika angewendet ist, zeigt Abb. 42. Diese Form ist nicht nur aus gebogenem Blechmaterial, sondern wie diese Abbildung zeigt, wenigstens in ihrem unteren Teile gegossen hergestellt worden, um die früher erwähnten akustischen Nachteile zu vermeiden.

Viel gebräuchlicher sind die gebogenen Trichter, welche die nachstehenden Abbildungen zeigen. Eine sehr viel, namentlich in Amerika benutzte Form gibt Abb. 43 wieder. Der Trichter ist verhältnismäßig gedrungen ausgeführt und erlaubt doch ein verhältnismäßig großes Schallvolumen gerichtet auszusenden.

Rühmlichst bekannt ist die Trichterform der englischen Brown-Gesellschaft, von welcher Abb. 44 die große Ausführung darstellt. Wie diese Abbildung zeigt, ist besonders auf die Richtwirkung Rücksicht genommen.

Abb. 44. Großer Brownscher Trichter.

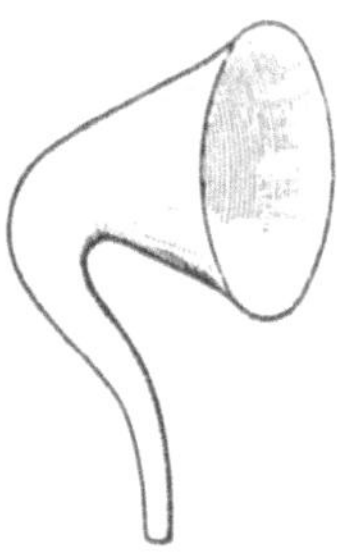

Abb. 45. Deutscher Blechtrichter.

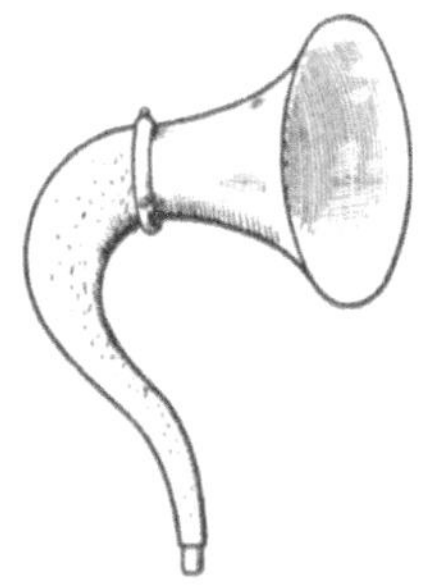

Abb. 46. Deutsche Ausführung eines zusammengesetzten Trichters.

Recht ähnlich ist eine von mehreren deutschen Fabriken ausgeführte Trichterform gemäß Abb. 45. Auch hierbei scheint die Richtwirkung in den Vordergrund gerückt zu sein.

Um die Vorteile des teils gegossenen, teils aus Blech gebogenen Trichters zu vereinen, ist eine ursprünglich wohl in Amerika aufgekommene Form zu erwähnen, welche aber heute auch in Deutschland bei verhältnismäßig recht guten Lautsprecherausführungen angewendet wird, gemäß Abb. 46. Der untere gebogene Teil ist aus Guß- oder Spritzmasse hergestellt und wird mit einem aus Blech gebogenen Endstück z. B. durch drei Schrauben verschraubt. Selbstverständlich muß diese Ausführung solide hergestellt sein, damit nicht evtl. eine Gleichwirkung eintritt.

Ebenfalls eine Kombinationsform ist durch die Ausführung *h* gemäß Abb. 47 wiedergegeben. Auch bei dieser in Amerika außerordentlich viel in Anwendung befindlichen Trichterform ist der Trichter aus zwei aus verschiedenen Materialien bestehenden Teilen zusammengebaut, und zwar aus einem verhältnismäßig schwer ausgeführten Sockelstück und einem aus Blech leicht gehaltenen Mundstück. Diese Form nähert sich im übrigen mehr dem eingangs erwähnten kegelförmigen Trichter und will nur eine verhältnismäßig geringfügige Richtwirkung hervorrufen.

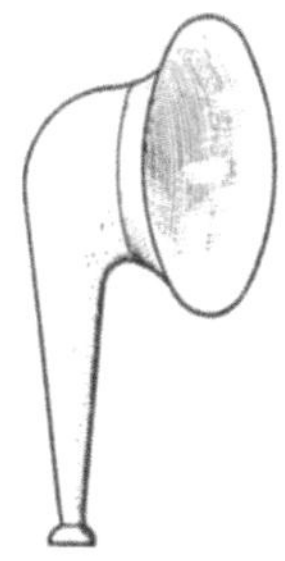

Abb. 47. Kombinierter Trichter.

Bei der Ausführung von Amplion gemäß Abb. 48 ist der verhältnismäßig schwer ausgeführte Fußkörper *i* mit einem aus Holzfournieren zusammengesetzten Mundstück kombiniert. Die hierdurch erzielte Schallwirkung kann recht günstig sein.

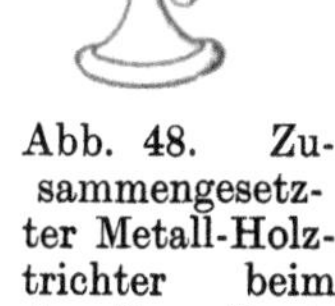

Abb. 48. Zusammengesetzter Metall-Holztrichter beim Amplion - Lautsprecher.

Eine ganz abweichende Trichterform eines amerikanischen Holztrichters ist in Abb. 49 gekennzeichnet. Die Schallöffnung ist hierbei bis nahezu an das Mundstück des Trichters herangezogen, so daß vor allem die Ausbildung der Richtwirkung beabsichtigt zu sein scheint.

Diese Trichterformen stellen nur einige der am meisten vorkommenden Ausführungsformen dar. Die Zahl der Varianten und Kombinationen ist, wie gesagt, eine außerordentlich große.

Abb. 49. Amerikanischer Holztrichter.

Bei der Ausbildung und Montage ist nicht nur auf die Gestaltung des Trichters peinlichst zu achten, sondern es kommt auch wesentlich auf die Befestigung und Montage der einzelnen Trichterteile an. Jedes Mitklirren oder dergleichen kann den Effekt des Lautsprechers mehr oder weniger in Frage stellen.

Es ist auch sehr wesentlich, die inneren Trichterwandungen (bei Doppeltrichtern auch die Außenwandungen des Innentrichters) derart zu bearbeiten, daß Vorsprünge, Rauhigkeiten usw. möglichst vermieden sind, da diese gleichfalls für die Tonbildung schädlich werden können.

F. Trichtereinbauten usw.

Es sind eine Reihe von Trichtern namentlich in Amerika geschaffen worden, welche schon mehr in das Gebiet des Einbaues des Lautsprechers hineinfallen.

Abb. 50. Weite Trichteröffnung beim Lautsprecher Music Master, Modell V.

Abb. 51. Kastenförmiger, nicht transportabler Einbau beim Music Master, Nr. VIII.

So zeigt z. B. Abb. 50 einen mit verhältnismäßig großer Trichteröffnung versehenen Einbaukasten der amerikanischen Firma

Music Master, Nr. V. Die Schallwiedergabe wird hierbei naturgemäß durch die Trichterdimensionierung kaum noch wesentlich beeinflußt, und es ist in der Hauptsache nur die Dimensionierung der Schalldose, welche hinter dem in der Mitte sichtbaren quadratischen Felde angeordnet ist, maßgebend.

In Amerika sehr beliebt ist ferner eine kastenförmige Ausführung, wie sie beispielsweise Abb. 51 zeigt. Es ist dieses ein Modell von Music Master, Nr. VIII. Der Mahagonikasten ist vorn durch einen Seidenvorhang abgeschlossen. Dieser ist durch eine stark ausgesägte Holzplatte geschützt. Im Innern des Kastens ist die Schalldose angeordnet.

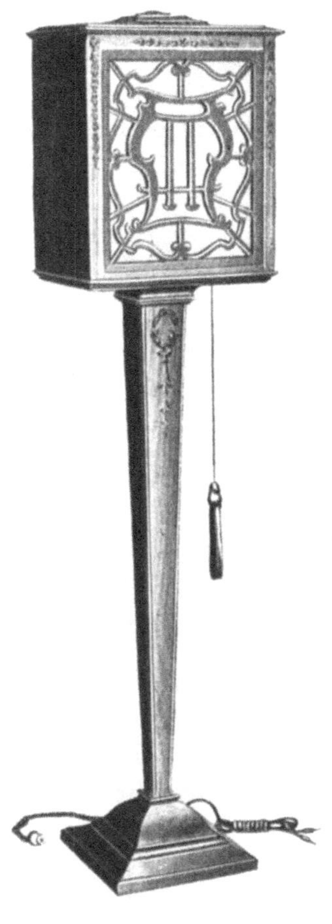

Abb. 52. Ständer-Lautsprecheranordnung Music Master, Nr. X.

Gerade diese Type, welche recht elegant wirkt, und die bequem z. B. auf dem Schreibtisch oder einem Schrank des Zimmers aufgestellt werden kann, hat in Amerika großen Anklang gefunden und zahlreiche Varianten erfahren.

Etwas anderen Anforderungen kommt die auf einem Ständer angebrachte Kastenanordnung gemäß Abb. 52, Music Master, Modell X, nach. Auch hier ist der eigentliche Lautsprecher hinter dem Seidenschirm angeordnet, welcher vorn den Kasten abschließt. Die Ein- und Ausschaltung des Lautsprechers wird hierbei durch eine aus dem Kasten heraushängende Schnur bewirkt, welche einen Schalter im Innern des Lautsprechers betätigt.

7. Indirekt wirkende Lautsprecher.

Es war schon oben gelegentlich der theoretischen Betrachtungen ausgeführt, daß eine besonders gute Wirkung unter

Umständen dadurch erreicht werden kann, daß die Öffnung des Lautsprechertrichters gegen die Wand zu gerichtet wird. Dieser Gesichtspunkt ist bei verschiedenartigsten Konstruktionen praktisch zur Ausführung gelangt.

A. Doppelhornlautsprecher von Holtzer-Cabot.

Eine sehr gute Klangwirkung kann dadurch erzielt werden, daß man in dem den akustischen Anforderungen entsprechend gebauten Horn den Lautsprechermechanismus so anordnet, daß eine Reflexion der Wellen im Innern des Hornes stattfindet. Derartige Konstruktionen sind verschiedentlich mit Erfolg angewendet worden. Abb. 53 zeigt eine recht gute Wirkung ergebende Einrichtung. Im Innern des Hornes *a* ist die Schalldose *b* montiert, die mit einem Vorhorn *c* verbunden ist, welches die Schallwellen gegen die rückwärtige Wand des Haupthornes *a* sendet. Aus der Öffnung des letzteren dringen alsdann die reflektierten Schallwellen heraus.

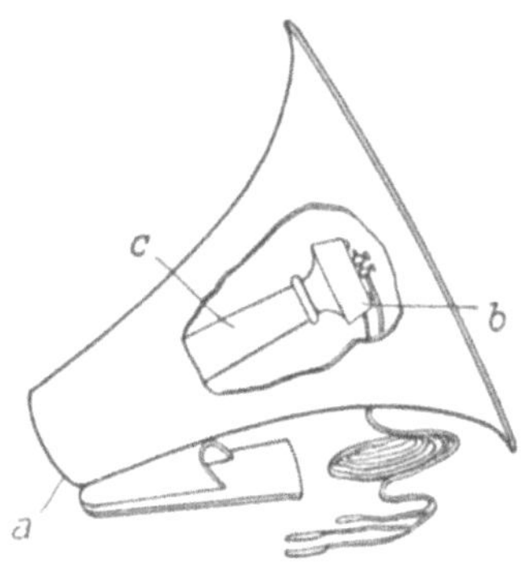

Abb. 53. Lautsprecher mit Reflexionswirkung von Holtzer-Cabot, Boston.

B. Reflexionslautsprecher von Neufeld & Kuhnke.

Eine andere etwa auf dasselbe Prinzip hinauslaufende Konstruktion von Neufeld & Kuhnke geben die Abb. 54 und 55 wieder. Vorteilhafterweise ist sowohl der Reflexionstrichter als auch der Haupttrichter aus besonders starkwandigem Holz ausgedreht. Beide Teile sind ineinander angeordnet, wie dies die Abbildungen zeigen. Das geht insbesondere aus Abb. 55 hervor. Bei *c* wird die eine besonders gute Klangreinheit gewährleistende, mit Einstellvorrichtung versehene Schalldose der Firma eingesetzt. Die Schallwellen gehen durch den Holztrichter *d* und werden an dem Gegentrichter *b* erstmalig reflektiert, um eine zweite Reflexion an dem Außen-Holztrichter *a* zu erfahren. Es wird somit die Wirkung eines zusammengefalteten Hornes erzielt, wobei ein Mitschwingen der Wände infolge der erheblichen Wandstärken ziemlich sicher vermieden wird.

Abb. 54. Außenansicht des Reflexions-Lautsprechers mit Verstärker von Neufeld & Kuhnke.

Wie Abb. 54 zeigt, ist unterhalb des Lautsprechers der Niederfrequenzverstärker eingebaut. Dieser Zusammenbau hat selbstverständlich den besonderen Vorteil, daß die Apparatur direkt auf das elektrische Optimum eingestellt werden kann.

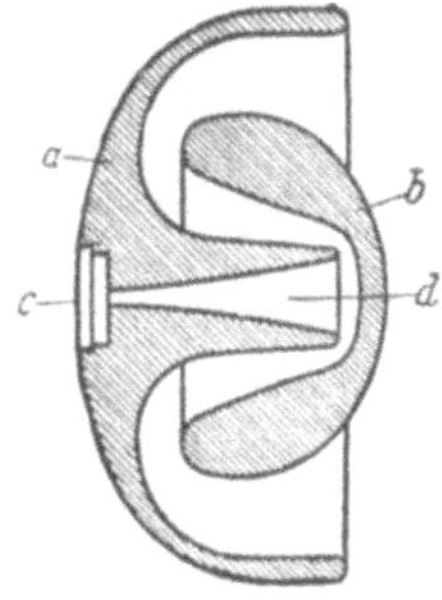

Abb. 55. Ineinandersteckung der Trichter beim Lautsprecher von Neufeld & Kuhnke.

C. Reflexlautsprecher von Sterling.

Eine etwas andere Schallführung ist bei dem Reflexlautsprecher von Sterling angewendet. Die Schalldose *a* ist unten in dem verhältnismäßig schwer ausgeführten Sockel angeordnet (siehe Abb. 56), wobei die Empfindlichkeitsregulierung durch die rechts erkennbare Schraube bewirkt werden kann. Der Reflexkörper ist pilzartig gestaltet, wobei die Schallführung, wie dies Abb. 57 schematisch zeigt, durch das Fußrohr *b* gegen die Kappe *c* bewirkt wird.

Abb. 56. Trichterloser Reflexlautsprecher der Sterling Co., London.

Der Lautsprecher wird normalerweise auf den Tisch gestellt. Die Schall-

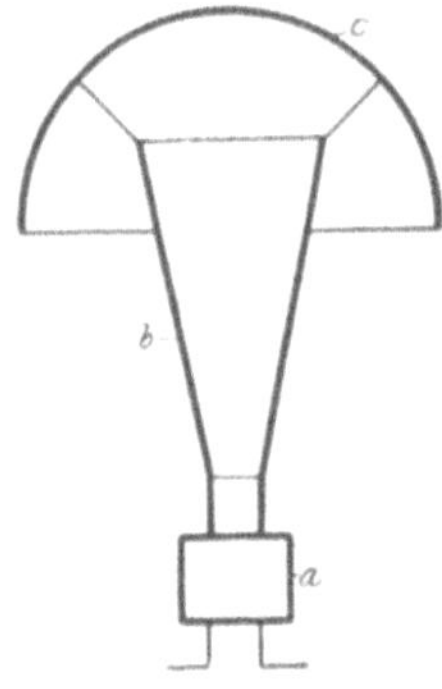

Abb. 57. Schematischer Schnitt durch den Reflexlautsprecher der Sterling Co., London.

wellen erfahren infolgedessen seitens der Tischfläche eine nochmalige wenigstens teilweise Reflexion, bevor sie abgehört werden.

D. Der Resonator von Dr. Lissauer.

In offenbar ähnlicher Weise wie bei dem Trichterreflexions-Lautsprecher von Holtzer-Cabot hat Dr. W. Lissauer versucht, das Lautsprecherproblem zu lösen, indem er zwei gemäß Abb. 58 entsprechend geformte Holztrichter ineinander anordnet, wobei mit dem inneren Holztrichter die Schalldose verbunden ist. Die Holztrichter sind so dimensioniert und miteinander befestigt, daß die Austrittsöffnung für die Schallwellen aus dem inneren Schalltrichter in den äußeren auf das akustische Optimum eingestellt ist. Auf diese Weise soll jede nicht gewünschte Resonanzlage vermieden sein, und es soll nicht nur Musik, sondern auch konsonantenreiche Sprache einwandsfrei übertragen werden können.

Abb. 58. Resonator-Lautsprecher von Dr. W. Lissauer.

Der Schalltrichter ist vorn in bekannter Weise durch einen gerafften Seidenvorhang abgeschlossen.

E. Holländischer Trichter-Reflexlautsprecher.

Eine etwas andere Ausführung liegt einer holländischen Laut-sprecherkonstruktion zugrunde, welche neuerdings im Auslande von sich reden gemacht hat. Auch bei dieser Konstruktion ist die Kombination zwischen Trichter und Reflexionswirkung benutzt.

Die Abb. 59 zeigt einen teilweisen Schnitt durch die Anordnung: *a* ist die Schalldose, bei welcher das Magnetsystem durch eine besonders groß ausgeführte renderierte Schraube *b* auf das Optimum eingestellt werden kann.

Die Membran *c* ist zwischen zwei Gummiringen gelagert, wodurch eine genügend feste Einspannung gewährleistet ist, ohne daß die Reinheit der abgegebenen Schallschwingungen hierdurch eidet.

Die Schalldose ist mit einem verhältnismäßig massiv ausgeführten Trichterkörper *d* verbunden. Letzterer ist so gestaltet, daß die Schallführung, wie aus dem Schnitt ersichtlich, bewirkt wird. Die Schallwellen gehen also aus dem Trichterraum von *d* in einen glockenförmig abgeschlossenen Raum *e*, welcher die Schallwellen einem ringförmig ausgebildeten Kanal *f* zuführt. Durch die eigenartige Formgebung dieses glockenförmigen Körpers soll eine besondere Reinheit der Schwingungen bei großem Schallvolumen erzielt werden können.

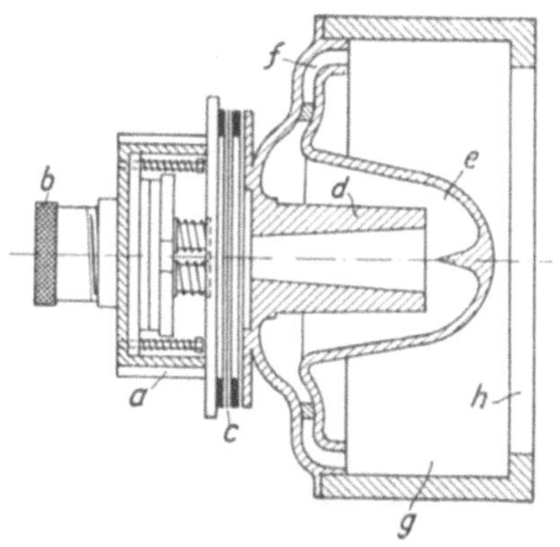

Abb. 59. Schnitt durch den holländischen Trichter-Reflexlautsprecher.

Nachdem die Schallwellen den ringförmigen Teil *f* passiert haben, werden diese dem Kasten *g* zugeführt und treten bei der Öffnung *h* aus.

Bemerkenswert sind die verhältnismäßig sehr geringen räumlichen Abmessungen dieses Lautsprechers, welcher eine Breite von nur 12 cm bei einer Länge von 16 cm und einer Höhe von 18 cm besitzt.

Angeblich ist es mit diesem Lautsprecher möglich, ein sehr großes Schallvolumen verzerrungsfrei zu erreichen.

F. Der Parabol-Reflektor-Lautsprecher.

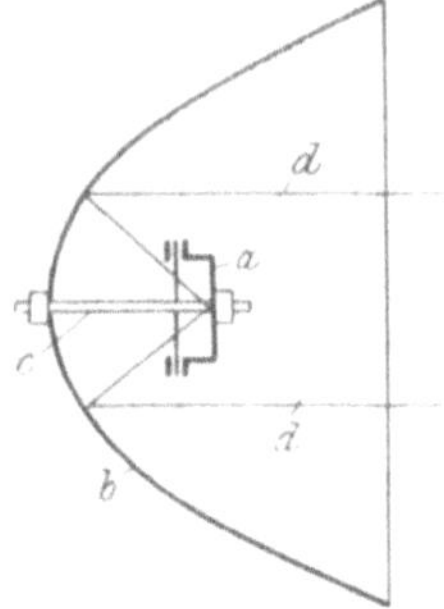

Abb. 60. Anordnung und richtige Einstellung der Schalldose des Parabollautsprechers.

Die Richtwirkung ist die wichtigste Funktion des Trichters.

Nun ist es aber möglich, eine Richtwirkung auch mit anderen Mitteln als mit Trichtern zu erzielen, welche bei entsprechender Gestaltung, Einstellung und Benutzung die den Trichtern anhaftenden Nachteile praktisch vollkommen vermeiden lassen. Die Einrichtungen bestehen in Reflektoren, die mit der Schalldose entsprechend verbunden sein müssen.

Es sind auch schon auf diesem Gebiete eine Reihe von Reflektoren (siehe oben) vorgeschlagen worden, welche jedoch im allgemeinen schon infolge des Umstandes, weil sie Kombinationen mit Trichtern oder Ausführungsformen von Trichtern darstellen, im allgemeinen recht wenig günstige Resultate, mindestens aber nicht vollkommen reine Klangwirkungen ergeben haben.

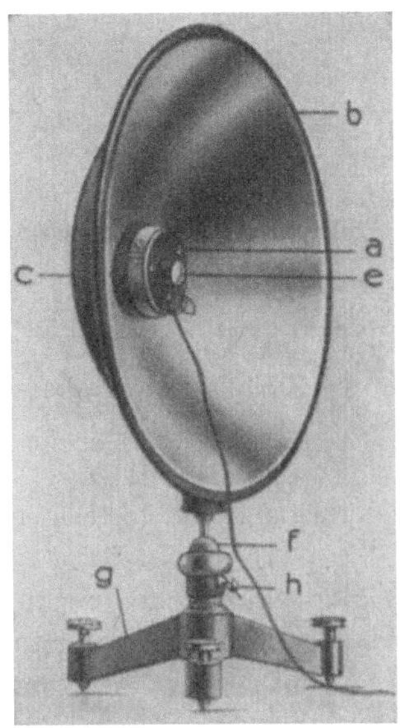

Abb. 61. Ausführung des Mihályschen Parabollautsprechers.

Die vollkommenste Art des Lautsprecherreflektors ist von D. v. Mihály angegeben worden und besteht gemäß der schematischen Abb. 60 darin, daß die Schalldose *a* in einem parabolisch gestalteten Reflektor *b* mittels eines Einstellmechanismus *c* derart angeordnet ist, daß sich der wirksame Teil der Schalldose im Brennpunkt des Parabolspiegels befindet. Sobald diese Forderung erreicht ist, werden die von der Membran ausgehenden Schallwellen *d* parallel und unverzerrt von dem Parabolspiegel ausgesandt. Es ist wichtig, um diesen Effekt zu erzielen, daß die Einstellvorrichtung *c* vorhanden ist, da sonst dieser Forderung nicht Genüge geleistet werden kann und gegebenenfalls doch durch ungeeignete Führung der Schallwellen Verzerrungen hineinkommen könnten.

Auf das Material des Parabolspiegels kommt es in diesem Falle verhältnismäßig wenig an, da er lediglich die Wirkung hat, die Schallschwingungen zu „spiegeln". Es haben sich beispielsweise Aluminium und Zink recht gut bewährt. Eine Reibung an den Wandungen entsteht nicht, da mit einer reinen Reflexion der Schallwellen praktisch gerechnet werden kann.

Abb. 62. Neuestes Modell des Reflexionslautsprechers von D. v. Mihály. W. A. Birgfeld A. G.

Der mit derartigen Parabolspiegeln versehene Lautsprecher erzielte Effekt ist vollkommen klangrein und naturgetreu, da die vielen Mißstände, welche den anderen Konstruktionen anhaften, hierbei grundsätzlich vermieden sind.

Der Luftkegel wird durch die im Brennpunkt des Parabols angeordnete Schalldose praktisch reibungslos in Schwingungen versetzt.

Im übrigen kann auch bei dieser Anordnung von einer gewissen Amplitudenverstärkung gesprochen werden, da das in Schwingungen versetzte Luftvolumen ohne weiteres durch entsprechend große Öffnung des Spiegels vergrößert werden kann.

Die Richtwirkung, welche mit dem Parabolreflektor erzielbar ist, ist selbstverständlich eine außerordentlich viel günstigere als bei einer Trichterkonstruktion. Infolgedessen ist auch die Wirtschaftlichkeit der Anordnung eine bessere. Im übrigen kann die Richtung, wie das Ausführungsmuster gemäß Abb. 61 zeigt, sehr leicht dadurch verändert werden, daß der Parabollautsprecher um ein Kugelgelenk, welches am Fuße angebracht sein kann, bewegt wird.

Eine praktisch ausgeführte und erprobte Ausführungsform zeigt Abb. 61. Hierin bezeichnet *a* die Schalldose, welche vorteilhaft mit einer Bandeinstellungsvorrichtung *e* verbunden sein kann, um im vorliegenden Falle das magnetische Optimum herzustellen. *c* ist die Einstellvorrichtung für die Schalldose, welche von rückwärts durch Bewegen einer Schraube betätigt wird.

Der Parabolschalltrichter *b* ist mittels eines Kugelgelenks *f* mit einem Fuß *g* verbunden. Die Gängigkeit des Kugelgelenks bzw. die Feststellung kann mittels einer Schraube *h* in bekannter Weise hingestellt werden.

Die neueste Ausführungsform des Mihályschen Parabollautsprechers von der W. A. Birgfeld A. G. ist in Abb. 62 wiedergegeben. Die Schalldose ist mit einer Einstell- und Ablesevorrichtung ausgerüstet.

8. Behelfsmäßige Lautsprecher.

Mancher R.-T.-Interessent besitzt wohl einen Kopfhörer hingegen verfügt er nicht über die Mittel, sich einen immerhin noch verhältnismäßig teuren Lautsprecher anzuschaffen. In den weitaus meisten Fällen wird er jedoch das Bestreben haben, auch objektiv, also mittels eines Lautsprechers, selbst wenn die Schallwiedergabe nicht allzu groß sein sollte, die R.-T.-Darbietungen, beispielsweise im Familienkreise, zu demonstrieren. Er kann hierzu mit Vorteil auf die ursprüngliche Form des Lautsprechers, welche schon lange vor Entstehen und Ausbildung der R.-T.-Bewegung vorhanden war, zurückgreifen.

Diese besteht darin, daß ein Kopfhörer möglichst zuverlässiger Ausführung und im allgemeinen hochohmig gewickelt (etwa 2000 Ohm oder mehr) mit einem Trichter aus Blech oder Preßspan behelfsmäßig versehen wird, wobei die Trichteröffnung gegen den Hörer zu gerichtet wird. Bei sehr einfacher Ausführung läßt sich der Trichter aus einem vorhandenen Stück Pappe biegen und beispielsweise mit gewöhnlichem Isolierband zusammenkleben und an der Hörmuschel befestigen. Derartige Lautsprecher werden zwar keine allzu große Schallwiedergabe vermitteln können, hingegen ist meist die Wiedergabe recht befriedigend, wenn die Qualität des Senders und der Empfangsapparatur einschließlich des Verstärkers gut ist.

Recht gute Resultate können z. B. auf die Weise erzielt werden, daß man ein Telephon mit kräftigen Magneten, wie solche insbesondere früher im Gebrauch waren (sogenannte alte Siemens-Telephone), verwendet. Stellenweise sind diese schon mit einer Art Einstellvorrichtung versehen gewesen, so daß es sogar möglich ist, das Optimum an Lautstärke unter Berücksichtigung der Klangreinheit zu erzielen.

Eine weitere primitive, leicht herzustellende Lautsprecheranordnung besteht darin, daß man die in Serie geschalteten Hörer in einen Brotkorb (Blech), eine Waschschüssel oder dgl. legt. Natürlich muß ein Mitklirren nach Möglichkeit vermieden werden. Unter Umständen empfiehlt sich das Dazwischenlegen eines Stückes Löschpapier, eines Taschentuches oder dgl.

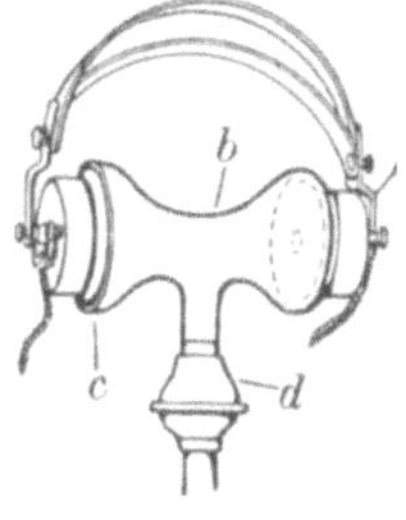

Abb. 63. T-Rohrstück mit einem Doppelkopfhörer behelfsmäßig verbunden.

Wohl zuerst ausgehend von der französischen Radioindustrie sind aber auch industriell noch andere behelfsmäßige Einrichtungen geschaffen worden, welche es ermöglichen, rasch den Hörer eines Doppelkopftelephons in einen Lautsprecher zu verwandeln. Eine solche Einrichtung ist beispielsweise in Abb. 63 wiedergegeben.

Hierbei ist der normale Muschelabstand eines gewöhnlichen Doppelkopftelephons *a* zugrunde gelegt. Für diesen Abstand ist im wesentlichen ein Metallrohr-T-Stück *b* vorgesehen, das durch übergezogene Muffen *c* aus Weichgummi mit den Muscheln des Doppelkopftelephons verbunden wird. Die aus beiden Telephonen herrührende gemeinsame Schallenergie kann aus dem Rohrstück *d* entnommen und z. B. für einen Trichter oder dergleichen nutzbar gemacht werden.

Eine etwas andere Anordnung, die aber etwa auf denselben Effekt hinausläuft, zeigt Abb. 64. Hierbei ist ein aus Holz oder Metall hergestelltes Radiohorn benutzt worden.

Eine sehr leicht montierbare und recht gute Schallwiedergabe ermöglichende Anordnung von Melnish in London zeigt Abb. 65. Hierbei ist das Doppelrohr *b* an einen besonderen trompetenartig gestalteten Trichter *e* geführt, welcher die Schallwiedergabe vermittelt. Durch entsprechend gestaltete Federn und Gummipuffer ist ein festes Andrücken der Hörmuscheln an die Lautsprecherapparatur ermöglicht.

Abb. 65. Trompetenartige Trichteranordnung von L. Melnish Ltd., London.

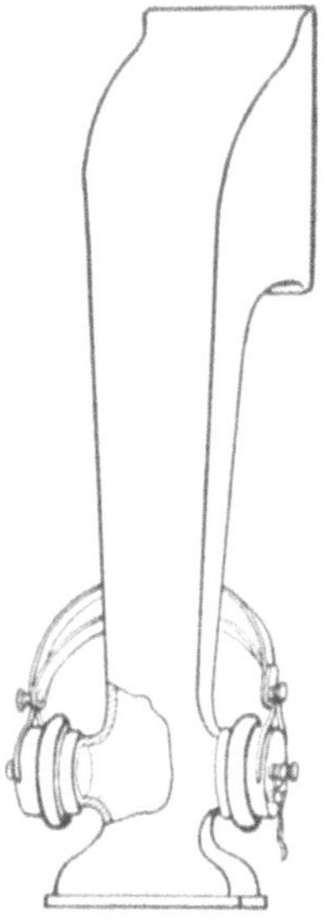

Abb. 64. Radiohorn, verbunden mit einem Doppelkopftelephon.

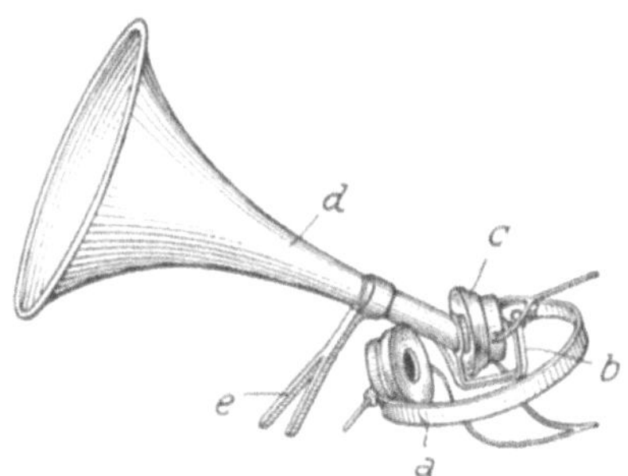

Abb. 66. Provisorisch zusammengestellter Lautsprecher für kleinere Räume.

Um einen vorhandenen Kopfhörer rasch als Lautsprecher verwenden zu können, kann man sich auch einer Einrichtung gemäß Abb. 66 bedienen, unter der Voraussetzung, daß die Empfangslautstärke genügend groß ist, was z. B. schon mit einem Einrohrenempfänger in der betr. R.T.-Stadt wohl stets der Fall sein wird.

Man legt zu diesem Zweck das Doppelkopftelephon *a* auf die Tischfläche und drückt mittels eines U-förmig gebogenen Federbleches *b* den einen Hörer an einen Gummiring *c*, welch letzterer mit einem aus Sperrholz, Pappe oder dergleichen Trichter *d* verbunden ist. Auf diese Weise ist eine genügend feste Kupplung zwischen dem Hörer *b* und dem Trichter *d* hergestellt. Der Fuß *e* dient dazu, um dem Trichter eine vorteilhafte Neigung gegen die Tischfläche zu geben.

Es wird empfohlen, um eine weiche Tonwirkung des Lautsprechers zu erzielen, auf die Membran des Hörers etwas Wachs zu tropfen. (Siehe oben.)

9. Grammophonlautsprecher.

a) Normale Aufsteckanordnungen.

Es sind aber noch andere Gegenstände herangezogen worden, um behelfsmäßig rasch einen Lautsprecher zusammenzubauen. Da bekanntlich in Amerika in jeder Familie ein Grammophon vorhanden ist, hat man den Schalltrichter desselben, welcher im übrigen meist recht gut die akustischen Erfordernisse berücksichtigt, für den Lautsprechbetrieb benutzt. Abb. 67 zeigt eine derartige Anordnung; auf den akustischen Übertragungsmechanismus, welcher zu dem unten im Grammophonschrank eingebauten Holztrichter führt, wird das Telephon, welches mit dem Empfangsverstärker verbunden ist, aufgeschoben. In der Abbildung sind rechts die Zuleitungslitzen erkennbar. Die mit einer derartigen Apparatur erzielbaren Resultate können recht befriedigend sein.

Abb. 67. Benutzung des Grammophonschalltrichters zu Lautsprecherzwecken.

Ein derartiges aufsteckbares Lautsprechertelephon mit Kupplungsansatz, wie es z. B. von A. F. Wolff geliefert wird, zeigt Abb. 68. Das Telephon ist auf größte Lautstärke einstellbar.

Die Zahl der möglichen Varianten, welche die Adaptierung des Grammophons für Lautsprecherzwecke gefunden hat, ist namentlich in Amerika eine außerordentlich große, und es gibt eine ganze Reihe von Fabriken, welche als Spezialität auf Grammophone aufsteckbare Schalldosen herstellen.

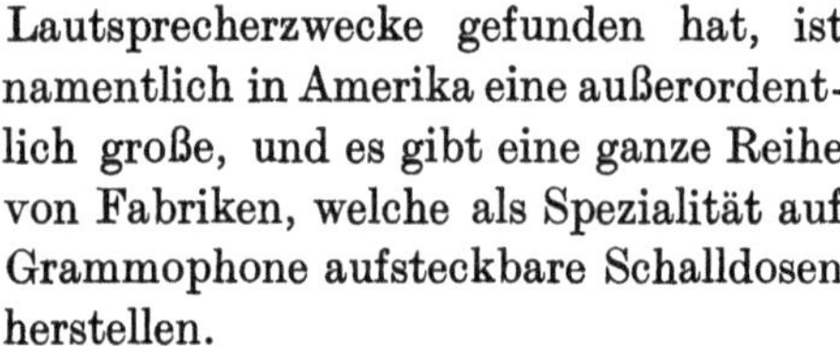

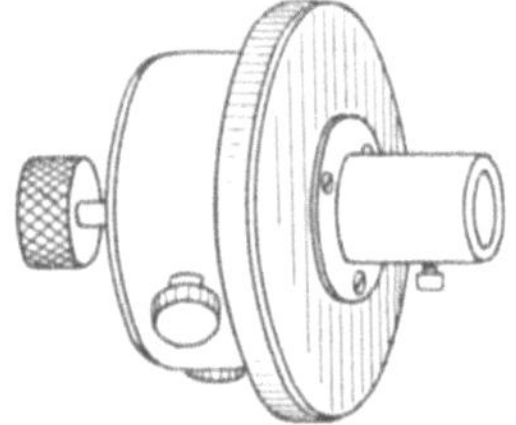

Abb. 68. Aufsteckbares Telephon.

So zeigen z. B. die Abb. 69 und 70 zwei Ausführungen der Holtzer-Cabot Electric Co. in Boston.

Bei der Ausführung nach Abb. 69 ist die Anschaltung an einen normalen Edison-Phonographen wiedergegeben. Die Schalldose, als „Audionfilter" bezeichnet, soll so bemessen sein, daß die bei billigeren Ausführungen häufig vorhandenen Nebengeräusche grundsätzlich beseitigt sind. Im wesentlichen scheint dies durch eine entsprechend schwere Ausführung des Einbaues und des Fußes der Schalldose bewirkt zu sein. Die Schalldose selbst ist im übrigen so reichlich bemessen, daß ein ziemlich großes Schallvolumen unter Vermeidung jeder Überbeanspruchung mit dem Apparat ohne weiteres erzielt werden kann.

Abb. 69. Ansschaltung der Schalldose der Holtzer-Cabot Electric Co. an einen Edison-Phonographen.

Bei dem Anschluß der Schalldose an das Victrola-Grammophon ist dieser etwas anders, wie dies Abb. 70 wiedergibt.

Abb. 70. Schalldose von Holtzer-Cabot mit einem Victrola-Grammophon.

Auch bei der für den Grammophonbetrieb dimensionierten Schalldose von Adler-Royal scheint auf diese Gesichtspunkte besonderer Wert gelegt zu sein. Das Äußere der Schalldose, welche mit einer besonders großen Einstellvorrichtung versehen ist, um auf das Optimum der Klangwirkung einstellen zu können, zeigt Abb. 71. Die Schallableitung wird durch das unten aus der Abbildung erkennbare Rohr bewirkt.

Abb. 71. Schalldose, leicht aufsteckbar, speziell fur die Adler-Royal-Sprechmaschine (U. S. A.).

Die Zahl der Varianten ist, wie gesagt, auch auf diesem Gebiete eine außerordentlich große, und es sind in Amerika, um den Bedürfnissen des Publikums möglichst weitgehend entgegenzukommen, auch in den Radiohandlungen ohne weiteres die Zwischenstücke käuflich zu haben, welche zwischen die Schalldose und ein etwa bereits vorhandenes Grammophon zwischengeschaltet werden. Für die Phonographensysteme Brunswick, Edison und Pathé sind in Abb. 72 die Kupplungsstücke für die Schalldose wiedergegeben; selbstverständlich ist die Zahl und Ausführung derselben eine sehr viel größere.

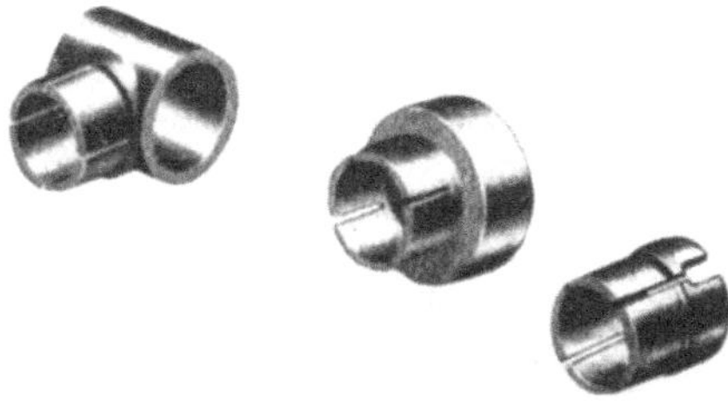

Abb. 72. Kupplungszwischenstücke zwischen der Schalldose und dem Grammophon fur verschiedene amerikanische Systeme.

f) Verbindung der Lautsprecherkapsel mit einer normalen Grammophonschalldose.

Es ist aber weiterhin auch noch der Wunsch aufgetaucht, in noch rascherer und einfacherer Weise das Grammophon mit dem Lautsprecher zu vereinigen. Es ist ohne weiteres möglich, die Nadel der Schalldose in eine hierfür vorgesehene Vertiefung eines kleinen, auf die Membran des Lautsprechers aufgesetzten Verbindungsstückes einzulegen und auf diese Weise eine zwar mechanisch nur äußerst lose, aber für die Schallübertragung ausreichende Kupplung zwischen dem Lautsprecher und der Schalldose des Grammophons herzustellen.

Abb. 73. Lose Verbindung der normalen Schalldose eines Grammophons mit der Lautsprecherschalldose.

Eine solche beispielsweise Ausführung von Thos. Rhamstine in New York zeigt Abb. 73.

Wenngleich diese Art der Kupplung verhältnismäßig sehr einfach ist und vor allen Dingen sehr rasch bewirkt werden kann, so dürften doch häufig hierdurch hervorgerufene Klirrtöne nicht ganz zu vermeiden sein. Es ist immerhin bei der Beschaffung und Benutzung eine gewisse Vorsicht geboten.

10. Telephon-Lautsprecher.

Der größte Teil aller bisher auf dem Markte befindlichen Lautsprecher benutzt ein Telephon als Schalldose, welches im allgemeinen nach Möglichkeit den Erfordernissen des Lautsprecherbetriebes angepaßt ist. Zu dieser Kategorie gehören die nachstehenden Ausführungen.

Entsprechend Abb. 74 hat die Österreichische Telephonfabriks A.-G., vormals J. Berliner, ihr Telephon in einen besonders schweren Fuß eingebaut, auf welchen der nach oben offene schräg abgeschnittene Trichter, dessen Wandstärke gleichfalls verhältnismäßig groß bemessen ist, leicht lösbar aufgesetzt ist. Die schwere Ausbildung hat erhebliche Vorteile, da ein Mitschwirren von Blechteilen hierbei ausgeschlossen ist. Die Schallwiedergabe ist selbst bei erheblicher Verstärkung für einen größeren Raum eine recht befriedigende. Die Einregulierung findet mittels eines Hebels statt, welcher unten am Fuß erkennbar ist.

Der Tefag-Lautsprecher der Telephonfabrik A.-G. von J. Berliner in Berlin zeigt eine etwas andere Ausbildung und Formgebung. Es sollte hierbei in der Hauptsache darauf ankommen, eine gute Konstruktion zu schaffen, welche preiswert auf den Markt gebracht werden konnte.

Die äußere Formgebung mit Horn zeigt nichts besonders Bemerkenswertes. Hingegen ist auf die Ausbildung des Gesamtsystems und der Membran, welche aus Abb. 75 ersichtlich sind, besonderer Wert gelegt worden. Es wurde zu diesem Zweck der Membran eine besondere Vorspannung gegeben und ihre Lagerung so bewirkt, daß sie im gesamten musikalischen Frequenzbereich tunlichst ohne Verzerrungen arbeiten konnte. Dabei wurde entsprechend der Benutzung auch durch weniger vorgebildete R.T. Interessenten dafür Sorge getragen, daß eine Verspannung bei der Einregulierung mittels des aus der Abbildung erkennbaren Hebels nicht eintreten kann.

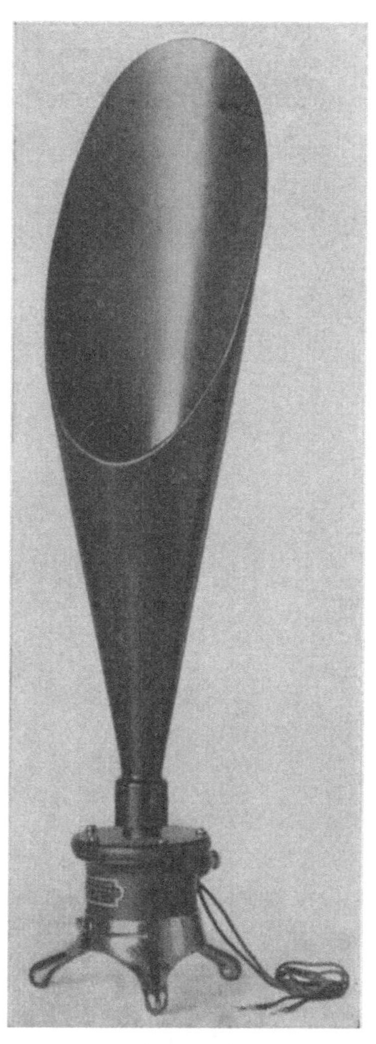

Abb. 74. Lautsprecher der Österreichischen Telephonfabriks A.-G., Wien.

Ein dem gewöhnlichen Telephon ähnliches Prinzip ist bei dem in Frankreich beliebten Lautsprecher Pival angewendet, dessen teilweiser Schnitt in Abb. 76 wiedergegeben ist. Auch hierbei ist das aus Bronze hergestellte Gehäuse *c* verhältnismäßig schwer ausgeführt. Alle Verbindungsstücke, Gewindeteile, Stutzen usw. sind in dasselbe eingespritzt. Das von unten bequem einstellbare Magnet-

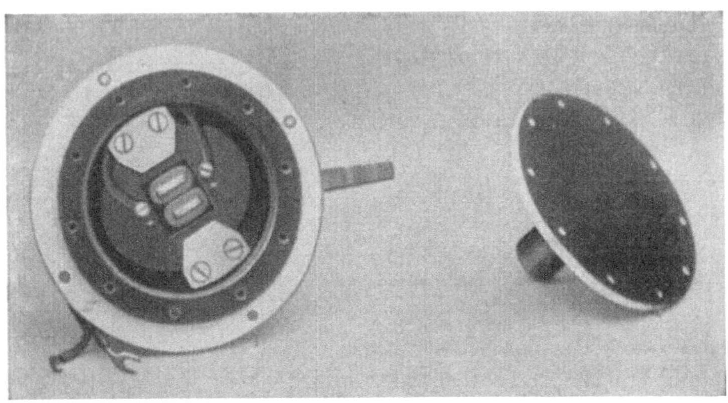

Abb. 75. Der Tefag-Lautsprecher. Links: Einstellbares Magnetsystem. Rechts: Membran mit Kupplungsteil des Lautsprechers.

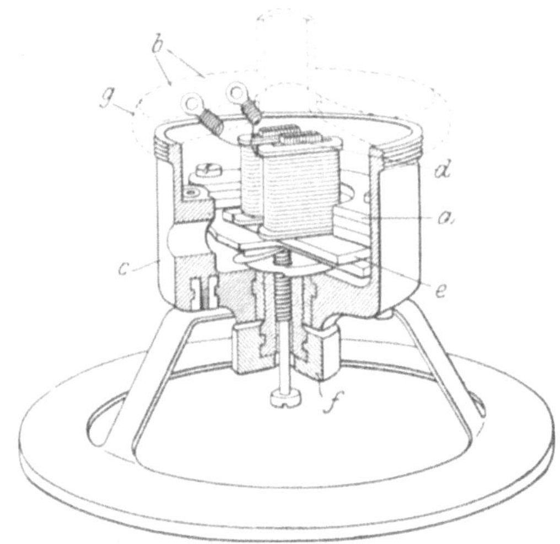

Abb. 76. Teilweiser Schnitt durch den Fuß und das Magnetsystem des Lautsprechers von Pival, Paris.

system *a* besitzt aus geblättertem Eisen hergestellte Kerne, welche an der Grundplatte *e* aufgeschraubt sind. Auf die Formgebung des Abschlußtrichters *g* soll hierbei besonderer Wert gelegt sein, da es auf die Luftkupplung zwischen Membran und Schalltrichter besonders ankommt.

11. Lautsprecher mit Membranen aus Aluminium, Glimmer, Holz usw.

Es waren nicht nur gewisse Nachteile, welche die straff gespannte Eisenmembran besitzt, und die zum Teil daraus resultierten, daß die Membranen sowohl elektrische als auch akustische Funktionen erfüllen sollen, welche dazu geführt haben, Anordnungen zu finden, bei denen die Membran von der elektrischen Arbeit entlastet ist, sondern es war vor allem der Wunsch, ein möglichst großes Tonvolumen ohne Überlastung der Schalldose zu erzielen. Diese Forderung ist, wenn von einigen wenigen besonderen und nicht gerade billigen Anordnungen abgesehen wird, wohl nur dadurch zu erreichen, daß die mechanischen Bewegungen durch einen Anker erzielt werden, der entweder direkt oder meist durch eine Hebelübertragung die Membran in Bewegung, den elektrischen Impulsen entsprechend, versetzt.

Bei allen diesen Anordnungen, von denen einige der wichtigsten nachstehend beschrieben sind, wird also stets ein Anker benutzt, welcher den elektrischen Teil der Arbeit verrichtet, und der mit einer Membran gekuppelt ist, die die akustischen Schwingungen zu erzeugen gestattet.

A. Der Lautsprecher von Brown.

Zu dieser Kategorie von Lautsprechern, als deren erster wohl der rühmlichst bekannte Lautsprecher von Brown anzusehen ist, gehören die nachstehenden;

Ein im wesentlichen perspektivisches, jedoch keineswegs vollkommen maßstäbliches Anschauungsbild eines Brownschen Lautsprechers schräg von unten gesehen, gibt Abb. 77 wieder. An diesem ist wieder das Magnetspulensystem *a* zu erkennen, welches auf die Polschuhe *b* aufgeschoben ist. Die Magnete *c* sind hier natürlich viel größer und kräftiger ausgebildet. Die Zunge *d*, welche gleichfalls größere Dimensionen besitzt, ist mittels eines Haltebockes *e* am Gehäuse des Lautsprechers befestigt, dessen obere Grundplatte *i* in der Abbildung teilweise wiedergegeben ist. Die eigentümlich kegelförmige Gestaltung der die oben erwähnten charakteristischen Einkerbungen am Rande besitzenden Aluminiummembran, welche in einer Stärke von etwa 0,01 mm ausgeführt ist, geht aus der Abbildung hervor. Die Schallabgabe

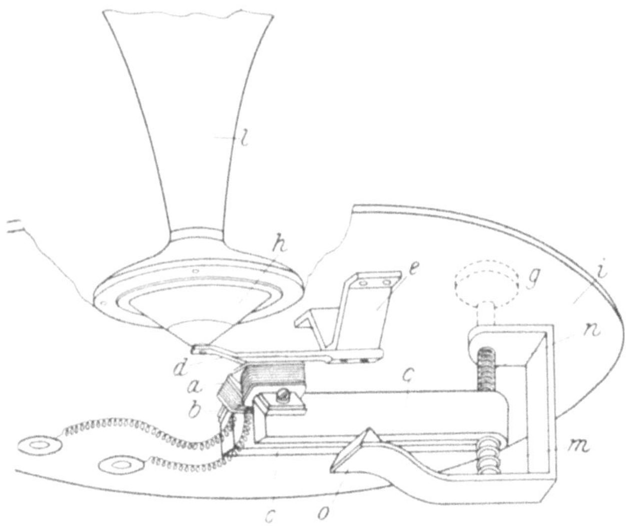

Abb. 77. Perspektivische Ansicht des Lautsprechers von Brown.

der Membran erfolgt an den in der Abbildung nur an seinem untersten Teil dargestellten Schalltrichter *l*.

Die Einstellung der Zunge spielt beim Lautsprecher eine noch wesentlich größere Rolle als beim Brownschen Zungentelephon. Dieselbe hat infolgedessen eine besondere konstruktive Ausgestaltung erfahren. Die Einstellschraube *g*, außerhalb des Lautsprechergehäuses sitzend, reguliert ein mit einer Gegenfeder *m* versehenes Schraubengewinde *n*, wodurch unter Vermittlung einer Schneide *o* das Magnetsystem *c* sehr fein einregulierbar ist.

Tatsächlich hat sich gezeigt, daß die Schallwiedergabe eines derartigen Brownschen Lautsprechers bisher kaum von dem eines anderen Systems großer erzielbarer Lautstärke erreicht wird. Der Lautsprecher scheint insbesondere für kleine und mittelgroße Räume geeignet zu sein, wo er ganz ausgezeichnet arbeitet, während die mit einer derartigen Anordnung erzielbare Schallintensität naturgemäß für sehr große Räume kaum ausreichen wird.

B. Der trichterlose Lautsprecher von Seibt.

Während der vorbeschriebene Lautsprecher von Brown noch einen Trichter besitzt, welcher selbstverständlich stets immerhin die Schallwiedergabe beeinflussen kann, ist dieser bei dem kleinen, trichterlosen Lautsprecher von Seibt, dessen Außenansicht Abb. 78 wiedergibt, vollkommen vermieden.

Über die Ausführung ist gemäß der Schnittzeichnung von Abb. 79 und der Außenansicht Abb. 78 folgendes zu sagen:

Abb. 78. Der trichterlose Lautsprecher von G. Seibt.

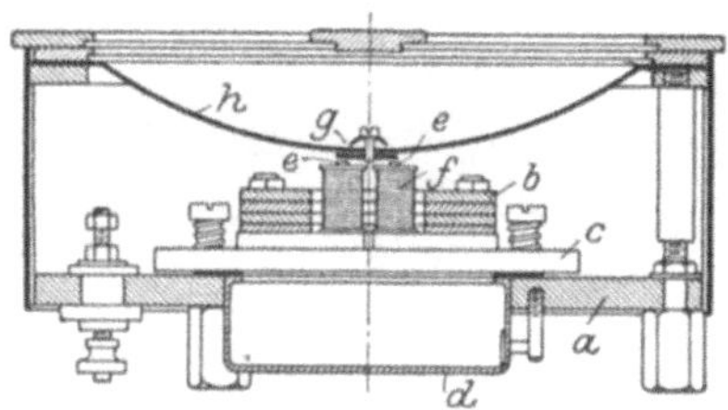

Abb. 79. Schnitt durch den trichterlosen Lautsprecher von G. Seibt.

Auf der Grundplatte *a* der Schalldose ist eine Reihe von magnetischen Magazinen *b* aufgebaut, welche mit einer Fundamentplatte *c* verbunden ist. Die letztere kann durch einen Gewindekörper *d*, welcher sehr großen Durchmesser besitzt, innerhalb gewisser Grenzen verschraubt werden, um die nahezu vollkommene Feineinstellung des Lautsprechers zu bewirken. Die magnetischen Magazine *b* laufen in zwei geschlitzte Polschuhe *e* aus, über welche die Magnetspulen *f* geschoben sind.

Gegenüber den Polschuhen *f* befindet sich ein kleiner Eisenanker *g*, welcher in sinnreicher Weise mit der 0,03 mm starken Aluminiummembran *h* verbunden ist. Die Membran ist unter Benutzung besonderer Vorsichtsmaßregeln teils kugelkalottenförmig, teils konisch gedrückt, absolut homogen hergestellt, sodaß ein durchaus gleichmäßig schwingendes Gebilde mit kolbenartiger Wirkung erzielt ist. Auch die Einspannung der Membran *h* ist auf Grund zahlreicher Versuche so bewirkt, daß evtl. schädliche akustische Schwingungen ausgeschlossen sind. Durch eine besonders bewirkte Dämpfungseinrichtung unterhalb der Membran sind Verzerrungen und nicht gewünschte Nebenschwingungen nach Möglichkeit vermieden.

Die Wiedergabe von Sprache und Musik mit einem derartigen Lautsprecher kann recht naturgetreu sein, so daß der Lautsprecher geeignet erscheint, in hervorragender Weise den R.T.-Gedanken zu verwirklichen und wirklichen Kunstgenuß dem Zuhörer zu übermitteln.

C. Der Orthophonlautsprecher der Radiofrequenz G. m. b. H.

Weitergehenden Anforderungen soll auch der Ortophonlautsprecher der „Radiofrequenz", G. m. b. H., nachkommen. Die Außenansicht dieses Lautsprechers zeigt Abb. 80, während einen teilweisen Schnitt durch den Lautsprechermechanismus Abb. 81 wiedergibt.

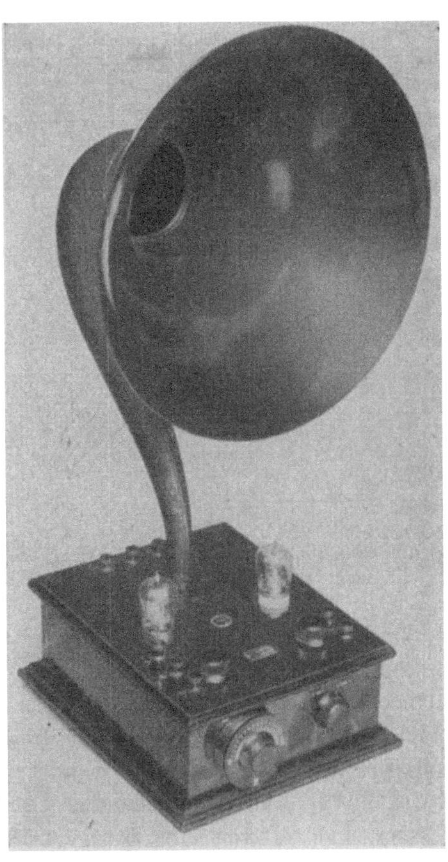

Abb. 80. Orthophonlautsprecher, mit Verstärker zusammengebaut.

An Stelle der Eisenmembran ist ähnlich wie bei den Lautsprechern von Brown und Seibt eine Aluminiumhaut-Membran *c* gewählt. Der Einbau derselben ist in einem schweren Bronzegußstück *a* bewirkt. An demselben ist eine Schwingfeder *d* angeschraubt, welche durch ein Magnetsystem *e* erregt wird. Die Feder *d* läuft spitz zu und ist aus einem federharten, nicht magnetischen Material hergestellt. Die Erregung findet durch das Elektromagnetsystem *e* statt, welches durch einen

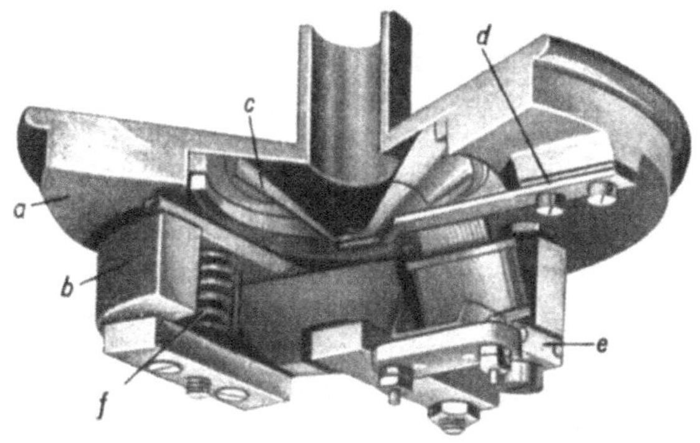

Abb. 81. Schnitt und Ansicht durch den Orthophonlautsprecher der Radiofrequenz-G. m. b. H., Berlin-Friedenau.

sehr kräftigen Hufeisenmagneten *b* eine starke Vormagnetisierung erhält. Die Einstellung wird durch eine Feder *f* bewirkt.

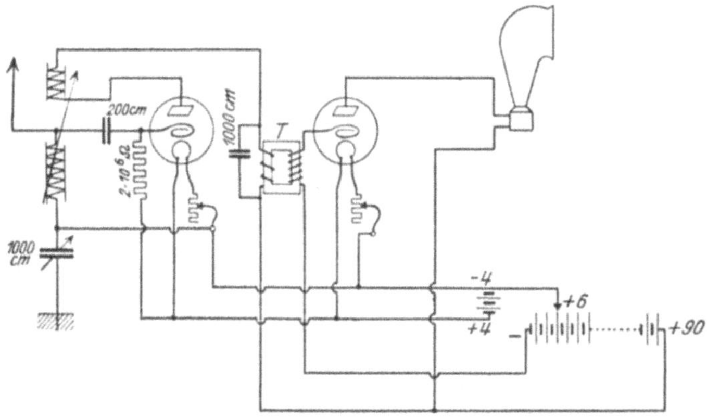

Abb. 82. Schaltungsschema des Orthophonverstärker-Lautsprechers.

Dieser Lautsprecher wird mit der Verstärkung zusammen in einen Kasten eingebaut geliefert, welcher aus Abb. 80 ersichtlich ist. Das Schaltungsschema dieses Zweirohrverstärkers ist aus Abb. 82 zu erkennen. Auf richtigen Betrieb der Röhren kommt es natürlich an, wenn das Optimum der Wirkung erreicht werden soll.

D. Der Elektromagnet-Lautsprecher von Dr. Pfleger & Meyer.

Ähnlich dem Lautsprecher von Brown hat die Firma Dr. Pfleger & Meyer in Berlin W. 30[einen Lautsprecher auf den Markt gebracht, bei welchem die durch die Tonimpulse hervorgerufenen Bewegungen eines schwingenden Ankers auf eine Glimmermembran übertragen werden.

Der Vorteil dieser Anordnung besteht in der bekannten mechanischen Unempfindlichkeit der Glimmermembran gegen atmosphärische und sonstige nicht gewünschte Einflüsse.

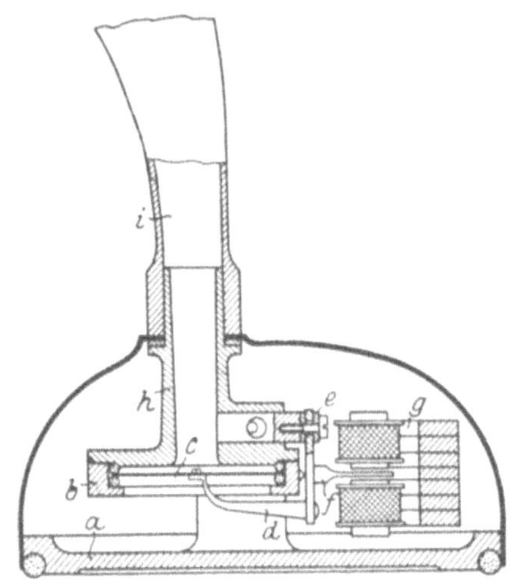

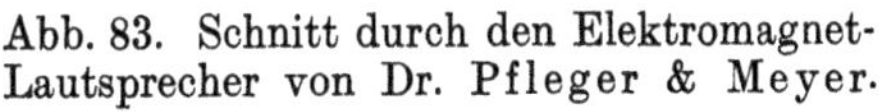
Abb. 83. Schnitt durch den Elektromagnet-Lautsprecher von Dr. Pfleger & Meyer.

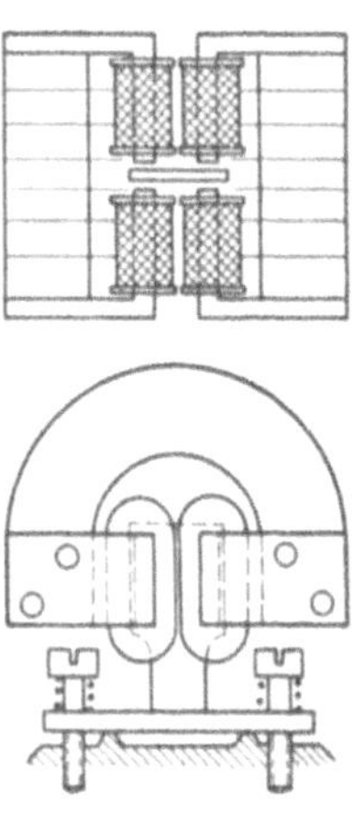
Abb. 84. Anordnung des Magnetfeldes und des Ankers beim Lautsprecher von Dr. Pfleger & Meyer.

Auf einer stabilen Grundplatte *a* gemäß Abb. 83 ist ein Fuß *b* angebracht, in welchem unter Benutzung von elastischen-Gummiringen die Glimmermembran *c* ausgespannt ist. Der Mittelpunkt der Membran ist an einen Hebel *d* geführt, welcher seinerseits bei *e* gelagert ist. Hier greift auch eine Einstellvorrichtung ein, die eine Einregulierung des Lautsprechers im Betriebe gestattet.

Mit dem Hebel *d* ist ein blattzungenartiger Anker *f* fest verbunden, welcher in einem Magnetfelde *g* spielt. Die Anordnung des Magnetfeldes und des Ankers zwischen den Polschuhen des

Magnetfeldes geht auch noch aus den beiden in Abb. 84 wiedergegebenen Bildern hervor.

Die Empfangsströme wirken nach entsprechender Verstärkung auf das Elektromagnetfeld *g* ein, versetzen hierdurch den blattzungenartigen Anker *f* in Schwingungen, welcher infolge der Elastizität des bei *e* eingespannten Hebelmechanismus die Glimmermembran *c* in entsprechende Schwingungen versetzt.

Die Schallübertragung findet mittels eines aus Messingguß hergestellten Ansatzstückes *h* auf das Horn *i*, von welchem nur der untere Teil in der Abbildung dargestellt ist, statt. Die Luftkopplung auf das Horn ist demgemäß verhältnismäßig gering.

E. Lautsprecher von Magnavox.

In ähnlicher Weise wie bei den Brownschen Lautsprechern wird auch bei einer weniger bekannten Ausführung von Magnavox ein Anker benutzt, um eine Membran zu betreiben.

Ein teilweiser Schnitt durch die sich ergebende Anordnung ist in Abb. 85 wiedergegeben. Die Membran *a* ist besonders dünn aus einem nichtmagnetischen Material hergestellt und so gestaltet, daß sie eine möglichst gute Luftdämpfung besitzt. Um diese Forderung zu unterstützen, ist auch die Kammer *b* entsprechend gestaltet. Die Verbindung des Ankers *c* mit der Membran *a* ist durch ein Kupplungsstück *d* bewirkt, wobei besonders darauf geachtet ist, daß der Angriff stets in einer Vertikalen erfolgt. Die Betätigung des Ankers *c* wird durch eine Spule hoher Impedanz *e* bewirkt, welche die zugeführte Amplitude möglichst günstig auszunutzen gestattet. Der Magnet *f* ist als Permanentmagnet tunlichst kräftig ausgeführt. Die Gestaltung der Pole *g* bzw. *h* ist aus der Abbildung ersichtlich.

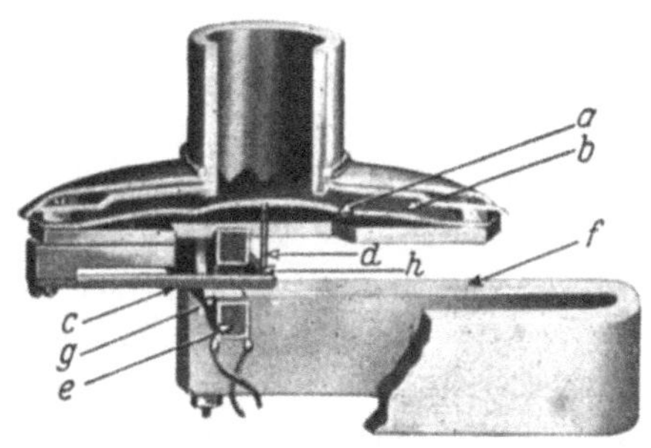

Abb. 85. Anker-Lautsprecher von Magnavox (U. S. A.).

F. Audiophone-Lautsprecher.

Das vorstehende Prinzip der Benutzung eines besonderen Ankers, um die Membran nur akustisch zu betätigen, ist selbstverständlich in mannigfaltigster Weise variierbar. (So zeigt z. B. Abb. 86 eine Ausführung der Bristol Audiophone-Werke in Waterbury, Conn., bei welcher der Anker von einer sehr kräftigen Magnetspule betätigt wird. Bei dieser Konstruktion ist offenbar auf besonders gedrängten Zusammenbau Wert gelegt. Im übrigen kann man hierdurch leicht eine ziemlich große Hebelwirkung vom Anker auf die Lautsprechermembran, welche aus Aluminium hergestellt ist, erzielen.

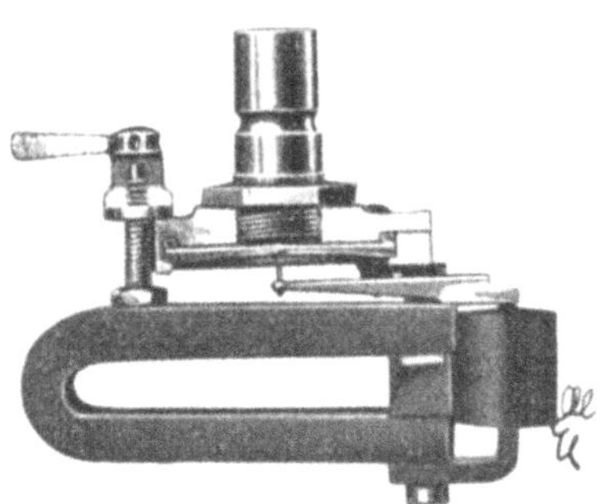

Abb. 86. Audiophone-Lautsprecher (Bristol Audiophone Co., Waterbury, Conn.).

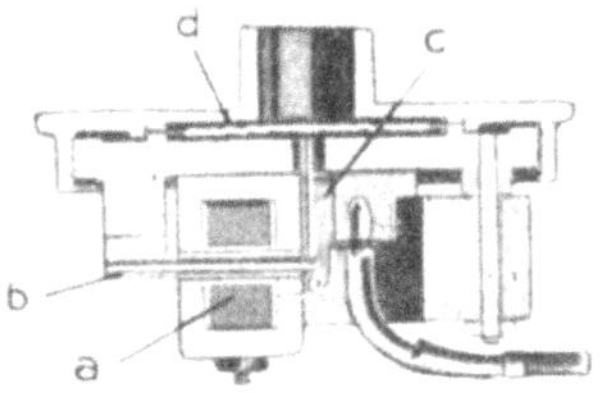

Abb. 87. Schnitt durch die Schalldose des Silvervoice-Lautsprechers.

Bei allen diesen Anordnungen ist stets ein ziemlich großes Tonvolumen ohne weiteres erzielbar.

Auch die Ausführung des Magnetsystems der Radiotive Corporation in Brooklyn und des Ankers zeigt einige Besonderheiten, wie aus Abb. 87 ersichtlich ist. Das permanente Magnetsystem ist besonders kräftig gestaltet. Die einlangenden Schwingungen werden durch die Spule *a* hindurchgeleitet, welche auf den Anker *b* einwirkt, der seinerseits durch das Kupplungsstück *c* an der Seidenmembran *d* angreift.

G. Diaphragma-Lautsprecher von Lumière und Pathé (Crossley).

Es ist auch mit großem Erfolge versucht worden, Membranen aus anderen Stoffen zu verwenden. In akustischer Beziehung hat sich sehr gut Papier besonderer Beschaffenheit bewährt. Dieses ist von Lumière bei dem Lautsprecher entsprechend Abb. 88

ausgeführt worden. Eine aus besonderem Pergamentpapier fächerartig hergestellte Membran ist mit einer Schalldose besonderer Bauart mechanisch gekuppelt und gibt ohne Schalltrichter die Membranschwingungen wieder.

Der Nachteil dieser Anordnung beruht in einer gewissen Feuchtigkeitsempfindlichkeit der Papiermembran, sowie darin, daß die Lautstärke, welche auf diese Weise bisher erzielt werden konnte, keine allzu große ist. Immerhin reicht dieselbe auch für mittlere Räume aus. Der Vorteil besteht in der außerordentlich klangreinen Schallwiedergabe, welche kaum durch einen Lautsprecher anderen Systems bisher übertroffen worden ist.

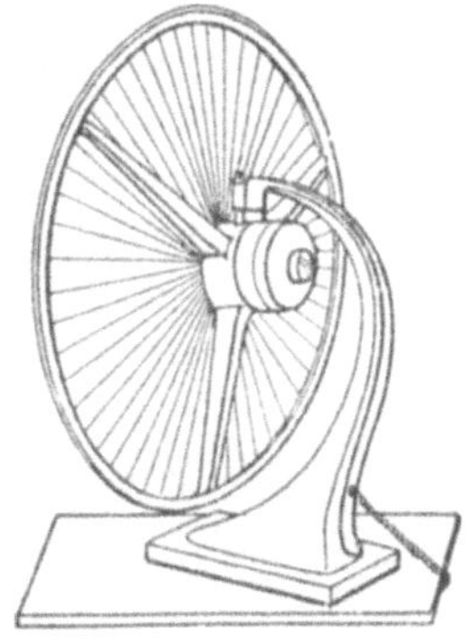

Abb. 88. Diaphragma-Lautsprecher von Lumière.

Abb. 89. Lautsprecherausführung von Crossley.

Übrigens läßt sich dieser Lautsprecher mit sehr geringen Kosten leicht selbst herstellen (siehe S. 116ff.).

Lautsprecher, bei denen die Membran aus einem imprägnierten Papierkonus hergestellt ist, wurden zuerst von der Firma Pathé-Frères in Paris hergestellt. Nach dem gleichen Prinzip werden neuerdings derartige Lautsprecher in Amerika von der Western-Electric-Co., von Crossley und von Farrand-Godley gebaut.

Eine Ausführung von Crossley zeigt Abb. 89.

Es nimmt eigentlich wunder, daß bei der großen Klangreinheit, welche die Papiermembran-Lautsprecher fast stets zeigen, in Deutschland dieser Typ bisher so wenig in Aufnahme gekommen ist. Der Papiermembran-Lautsprecher ist im übrigen noch keineswegs an der Grenze seiner Entwicklung angelangt.

H. Der Lautsprecher „Tonspiegel" von Ibach.

Die Konstrukteure des Ibach-„Tonspiegels", F. Wilhelm, K. J. Müller und K. W. Ibach, haben Papier oder dergleichen als Wiedergabemembran vermieden und an dessen Stelle hochwertiges Klavierresonanzholz genommen. Die sehr einfache Konstruktion des Lautsprechers ist aus der im wesentlichen schematisch gehaltenen Abb. 90 zu ersehen.

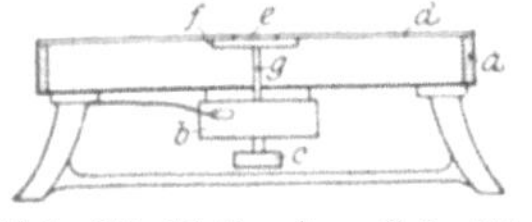

Abb. 90. Teilweiser Schnitt durch den Ibach-Tonspiegel.

An dem aus Holz hergestellten Boden eines auf 3 Füßen ruhenden runden Holzkästchens *a*, wobei es übrigens ohne weiteres möglich ist, infolge der Formgebung der Füße den Kasten schräg aufwärts gerichtet zu stellen, ist eine gute, mit entsprechenden Dämpfungen versehene Schalldose *b* mit einer Einstellvorrichtung *c* angebracht. Der Kasten *a* ist oben durch die schon erwähnte, mit entsprechenden Ausschnitten versehene Ibach-Holzresonanzplatte *d* abgeschlossen. In der Mitte derselben ist ein kreisförmiges Loch *e* angebracht, welches durch ein kleines prismatisches Stäbchen *f* teilweise überbrückt wird. An diesem Stäbchen ist die mechanische Kupp-

Abb. 91. Draufsicht auf den Ibach-Tonspiegel.

lung *g* des Holzresonanzbodens mit der Eisenmembran der Schalldose vorgesehen. Durch Betätigung des Einstellgriffes *c* kann die günstigste Membraneinstellung bewirkt werden.

Eine Obenansicht auf den Lautsprecher gibt Abb. 91 wieder.

Die Lautwirkung des „Tonspiegels“ ist meist eine befriedigende. Schwirrende Nebengeräusche treten kaum auf; selbst Klavier wird, soweit nicht Sendereigentümlichkeiten in Betracht kommen, einwandsfrei übertragen.

Der Apparat scheint trotz der Holzmembran praktisch wenig hygroskopisch zu sein.

12. Motor-Lautsprecher.

Hierunter sollen Einrichtungen verstanden werden, bei welchen kleinste mechanische Bewegungen ausgenutzt werden. Dieses ist beispielsweise möglich in der Form, daß die Reibung zwischen einer sich drehenden Glasscheibe und einem kleinen Stahlstift oder einer Platte, welche unten eine dünne Korkschicht trägt, benutzt wird. Diese Anordnung soll von einem gewöhnlichen, hochempfindlichen Telephon gesteuert werden.

A. Frenophon von S. E. Brown.

Es ergibt sich demgemäß eine Anordnung, welche von S. E. Brown gefunden wurde und unter dem Namen „Frenophon“ in die Praxis Eingang fand. Gemaß Abb. 92 und 93 wird ein Telephon *a* mit einstellbarem Magnetsystem benutzt, welches an einen Metallarm *b* montiert ist. Dieser ist um eine Achse drehbar angeordnet und wird durch ein Gegengewicht *c* ausbalanciert. Die Zunge

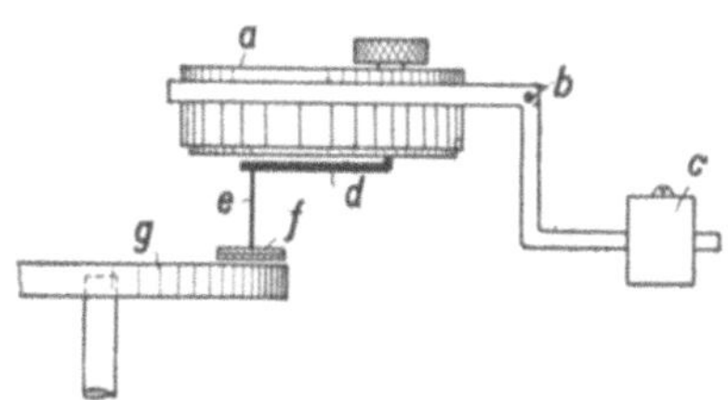

Abb. 92. Schema des Motor-Lautsprechers „Frenophon“ von Brown, London.

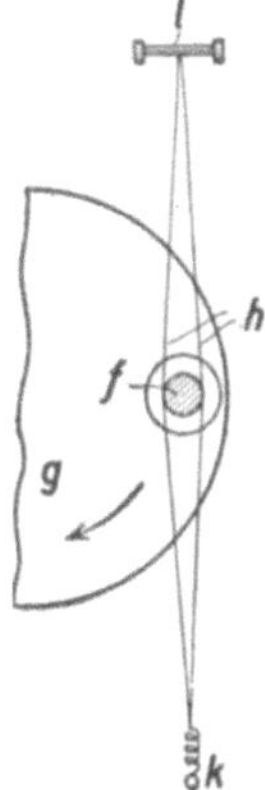

Abb. 93. Steuerung der Korkscheibe beim Frenophon.

dieses Brown-Telephons ist mit einer Hebelübertragung und Stahlnadel *d e* versehen, an deren unterem Ende eine kleine Scheibe *f* montiert ist, auf welche eine dünne Korkschicht aufgeklebt wurde. Letztere schleift leicht auf einer vollkommen ebenen Glasscheibe *g*, welche mit der Achse eines Phonographenmotors verbunden ist und von diesem in Rotation versetzt wird. Andererseits ist die Scheibe *f* durch zwei Seiten *h* mit der Spitze einer Membran *l* des Lautsprechers verbunden, andererseits kann diese durch eine Feder *k* entsprechend nachgespannt werden.

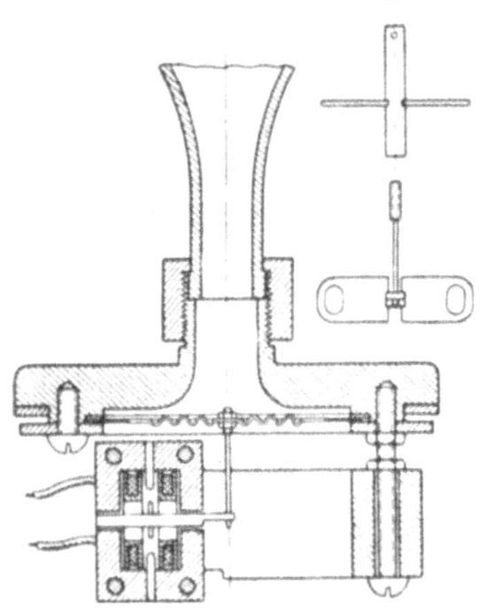

Abb. 94. Motor-Lautsprecher für größere Energien.

Diese Anordnung arbeitet wie folgt: Das Gewicht des Telephons *a* drückt das Plättchen mit der Korkscheibe gegen die Glasscheibe *g*. Bei Empfang wird das Telephon erregt, und es werden entsprechende Schwingungen, d. h. Auf- und Abwärtsbewegungen auf die Korkscheibe übertragen. Diese wird also mehr oder weniger fest gegen die Glasscheibe gedrückt, wobei eine entsprechende Einregulierung durch das Gegengewicht *c* bewirkt werden muß. Hierdurch wird eine entsprechende Übertragung und Erregung der Membran des Lautsprechers verursacht, welche ziemlich kräftig sein kann, da sie von den Reibungswirkungen der Korkscheibe gegen die Glasplatte abhängt. Durch Einreiben der Glasplatte mit Terpentinöl kann die Reibung noch vergrößert werden. Angeblich sind Nachregulierungen bei dieser Anordnung nicht erforderlich.

B. Motorlautsprecher für größere Energien.

Einen anderen Lautsprecher für größere Senderenergien zeigt Abb. 94. Demgemäß ist zwischen zwei Magnetpolen eine Armatur angebracht, die in der Mitte zentrisch montiert ist. Infolgedessen kann sie beiderseitig von den Polen angezogen werden. Um die Armatur ist eine Spule gelegt, welche das magnetische Feld erzeugt und entsprechende Polarität besitzt. Die Spule steht fest während der Motor rotiert. Die infolgedessen in der Armatur ausgelöste mechanische Energie wird mittels eines kurzen Stäbchens auf die gewellt ausgeführte Membran übertragen.

C. Motor-Lautsprecher von D. v. Mihály.

Bei dem Motorlautsprecher von D. v. Mihály ist ein anderes Prinzip angewendet, welches am besten an Hand der perspektivischen Abb. 95 erklärt werden kann.

Durch eine rotierende Welle *a* wird eine Eisenscheibe *b* in konstante Umdrehungen versetzt. Mit äußerst geringem Abstande sind über der Eisenscheibe, jedoch derart, daß eine direkte Berührung ausgeschlossen ist, die Pole *c* zweier Magnetspulen *d* angeordnet. Die Pole *c* sind mit einer Traverse *e* verbunden, welche zwischen Spitzenlagern *f* gelagert ist. Es ist infolgedessen eine Drehung in beschranktem Maße in dem durch die Pfeile angedeuteten Sinne möglich. Mit der Traverse *e* ist ferner ein Hebelübertragungsstück *g* leicht drehbar verbunden, welches an einer Membran *h* zentrisch angreift.

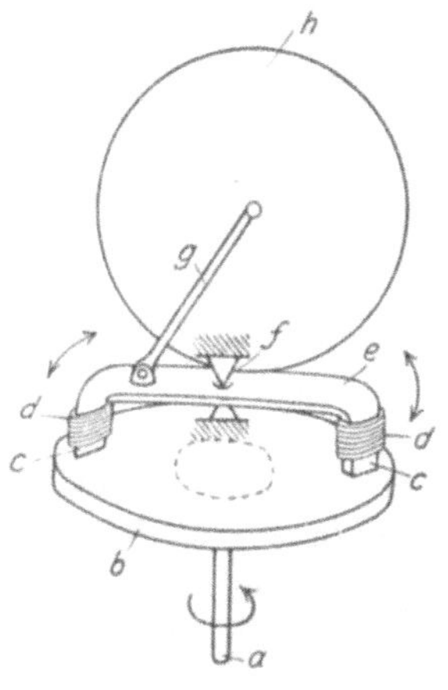

Abb. 95. Motor-Lautsprecher von D. v. Mihály.

Der Vorgang bei diesem Lautsprecher ist folgender: Sofern der verstärkte Empfangsstrom, welcher durch den Lautsprecher ausgenutzt werden soll, durch die Spulen *c* fließt, welche leitend miteinander verbunden sind, wird ein gewisses Magnetfeld erzeugt, und es findet entsprechend der Stärke eine gewisse Anziehung nach der Eisenscheibe *b* hin und infolgedessen eine entsprechende Mitnahme in dem Pfeilsinne statt. Infolgedessen wird dementsprechend die Traverse *e* gedreht und mehr oder weniger die Membran *h* in Schwingungen versetzt. Von *h* aus können die Schallwellen in bekannter Weise mittels eines Trichters in den Raum abgegeben werden.

13. Lautsprecher nach dem elektro-dynamischen System.

Die größten Chancen, verzerrungsfrei zu arbeiten und die Schallübertragung am günstigsten zu bewirken, besitzen naturgemäß diejenigen Anordnungen, bei denen die mechanische Masse des wirksamen Schallkörpers ein Mindestmaß ist. Auch in dieser Beziehung stellt die eingespannte Eisenmembran durchaus noch nicht das Optimum dar.

Erheblich günstigere Resultate sind schon auf Grund theoretischer Erwägungen mit Membranen zu erzielen, deren Masse geringer ist. Nun kann aus mechanischen Gründen die Stärke der Eisenmembran kaum noch wesentlich herabgesetzt werden. Es bleibt daher nur übrig, zu andern Mitteln zu greifen. Man hat infolgedessen, wie oben gezeigt wurde, Membranen aus Aluminiumhaut usw. ausgeführt. Das Optimum ist wahrscheinlich dadurch zu erzielen, daß man für die Membran einen Stoff wählt, bei welchem es auf die Ausnutzung der mechanischen Eigenschaften überhaupt nicht ankommt und die z. B. elektrodynamisch bewegt wird. Dies geschieht bei dem Magnavox-Apparat einerseits durch eine kleine mit der Membran verbundene Spule, welche in einem Magnetfeld arbeitet, andererseits durch eine Spulenanordnung wie beim Pathé-Lautsprecher, wodurch Luftverdickungen und Verdünnungen hervorgerufen werden. Wahrscheinlich sind sehr günstige Resultate durch dynamometrische Anordnungen zu erzielen, wobei ein feststehendes und ein bewegliches System, die aufeinander einwirken, benutzt werden.

a) Der Magnavox-Apparat.

Die Anordnung in einer Schnittzeichnung, etwa den maßstäblichen Verhältnissen entsprechend, stellt Abb. 96 dar. Mit einem äußeren, bei den meisten Ausführungen zylindrisch geformten Gehäuse *a* ist ein Eisenkern *b* verbunden. Über letzteren ist koaxial zum Teil eine Magnetspule *c* gesteckt. In dem oberen nicht von der Magnetspule überdeckten Teil ist in der Achse des Magnetkernes ein ganz besonders leicht ausgeführter Spulenkörper *d* an der Membran *e* des Magnavox-Apparates befestigt. Häufig besteht der Spulenkörper *d* aus ganz dünnem Aluminiumblech. Einzelne Konstrukteure und Firmen geben jedoch an, daß eine aus Zigarettenpapier bestehende Spule wesentlich günstigere Resultate ergibt, da alsdann die Massenträgheit bedeutend geringer sein kann. Auf den unteren Teil dieses Spulenkörpers und meist nur so weit, als er über den Magnetkern reicht, ist eine ein- oder mehrlagige Zylinderspule *f* aus sehr dünnem Emailledraht gewickelt. Die entsprechend geformten und gebogenen Zu- und Ableitungen sind durch Löcher aus dem Fuß des Schalltrichters *g* herausgeführt. Der Schalltrichter ist meist horn- oder trompetenartig geformt, tunlichst unter Vermeidung einer bestimmten Resonanzlage.

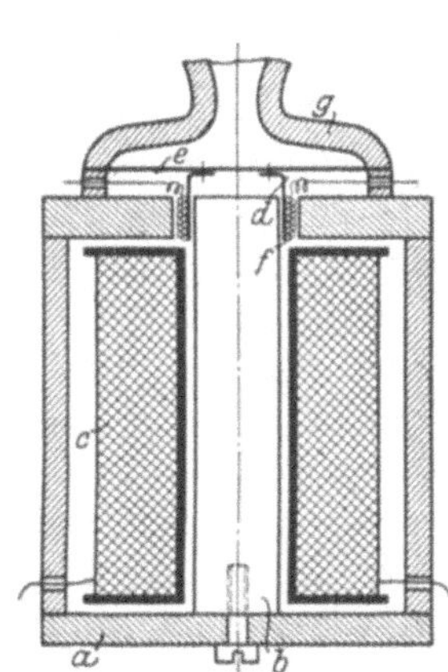

Abb. 96. Schnittzeichnung durch einen Magnavox-Apparat.

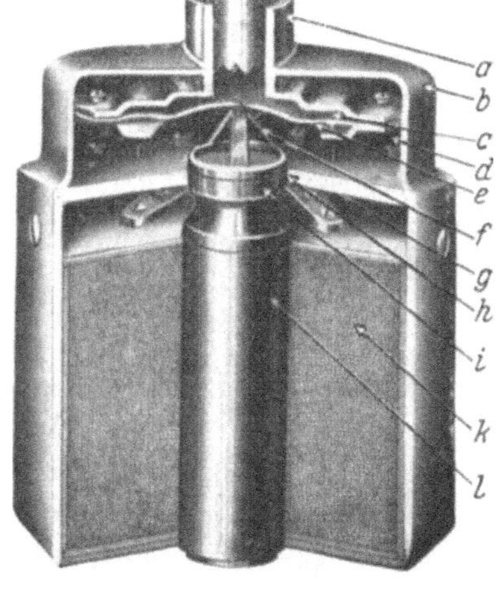

Abb. 97. Ausführung des großen Magnavox-Lautsprechers (Schalldose)

Während Abb. 96 mehr einen im wesentlichen schematisch gehaltenen Schnitt durch den Magnavox-Apparat darstellt, ist in Abb. 97 eine Ausführungsform, teils im Schnitt, teils in Ansicht dargestellt.

Es bezeichnet in dieser:

a den Ansatz, auf welchen das Horn (der Trichter) aufgeschoben wird,
b das Gehäuse des Lautsprecherapparates,
c die verhältnismäßig sehr klein gehaltene Schalldose,
d die Verbindungen der beweglichen zur festen Spule,
e die Membran, welche aus nichtmagnetischem Material besteht,
f die Hilfskonstruktion (im obigen Schnitt [Abb. 96] als Spulenkörper *d* bezeichnet), auf welchem die bewegliche Spule angebracht ist,

g die obere Anschlußplatte, für welche die große feststehende Spule des Lautsprechers angebracht ist,

h einen Luftzwischenraum, in welchem sich die bewegliche Spule hin und her bewegen kann, wenn durch die Haupt-Elektromagnetspule *k* Strom hindurchgeht,

i die bewegliche Dynamometerspule, welche die Bewegungen der Membran hervorruft,

l den Weicheisenkern des Elektromagneten.

Die Außenansicht eines solchen Magnavox-Lautsprechers zeigt Abb. 98. Auch die charakteristische Formgebung des Trichters ist bemerkenswert.

Es kommt hierbei sehr wesentlich darauf an, eine möglichst große Bewegung der Spule *f* zu erzielen. Es ist naturgemäß nicht möglich, die Spule direkt in den Anodenstromkreis der letzten Röhre einzuschalten. Um die genügende Stromstärke zu erzeugen, muß man einen Ab-Transfornator dazwischenschalten, wie die Abb. 99 zeigt. Die Bezeichnungen dieser Abbildung entsprechen denjenigen von Abb. 96.

Abb. 98. Außenansicht des Magnavox-Lautsprechers.

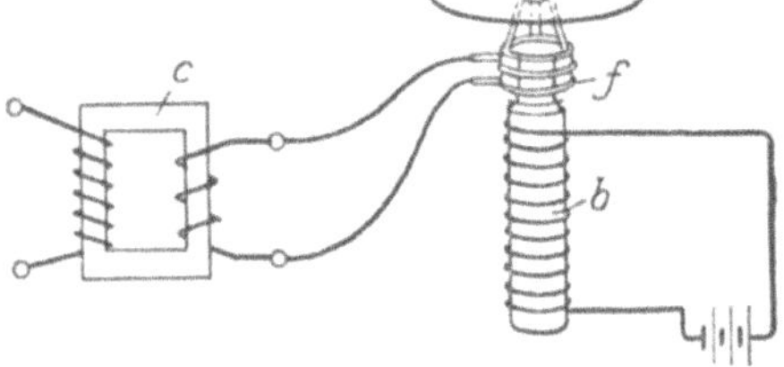

Abb. 99. Schema der Anschaltung der Dynamometerspule des Magnavox-Lautsprechers mittels eines Ab-Transformators an den Anodenkreis des Verstärkers.

c ist der Ab-Transformator, an welchen die aktive Lautsprecherspule *f* angeschlossen ist. Es handelt sich hierbei nur um die letzte Verstärkerröhre, während evtl. weitere vorgeschaltete Röhren in der Abbildung nicht wiedergegeben sind.

Den Zusammenbau eines Magnavox-Lautsprechers mit geradem Trichter, Verstärker und Ab-Transfornator in der Ausführung der British Wireless Co., London, zeigt Abb. 100.

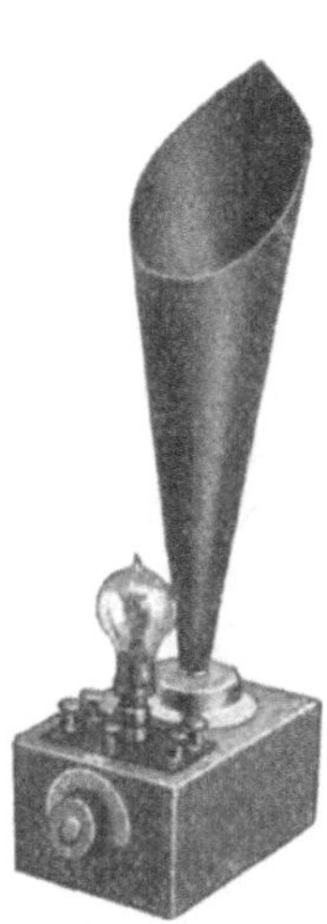

Abb. 100. Kombination eines Magnavox-Lautsprechers mit einem Verstärker.

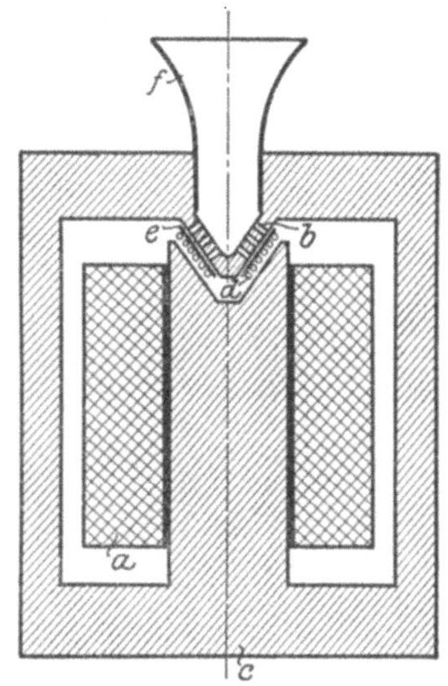

Abb. 101. Schnitt durch den Pathé-Lautsprecher.

b) Der Pathé-Lautsprecher.

Von der Sound Wave Corporation in Brooklyn wird ein Lautsprecher in den Handel gebracht, den Abb. 101 in einem ungefähren Schnitt wiedergibt. Der Elektromagnet ist hierbei etwas anders gestaltet als bei dem obigen Lautsprecher, und zwar gehen die von der Spule *a* erzeugten Kraftlinien zwischen dem mit Bohrungen versehenen kegelförmig gestalteten Eisenkörper nach dem Kern *c* über. In diesem Raum ist eine entsprechend konisch gestaltete Spule *d* auf einem dünnen und sehr leichten Seidengeflecht *e* angeordnet. Beide zusammen wiegen nur ca. 1 g. Die Stromzu- und -ableitung zur Spule ist in Abb. 101 nicht angegeben. Durch die Spule geht der Strom für den Lautsprecher. Der Apparat arbeitet in der Weise, daß bei Erregung die Spule *d* samt ihrem Geflecht gegen den Eisenkegel *b* zu bewegt wird. Der erzeugte Ton wird durch die im Eisenkegel angebrachten Löcher nach dem kurzen Schalltrichter *f* hin abgeleitet.

Siehe auch den elektrodynamischen Lautsprecher von G. Marconi, S. 106.

14. Lautsprecher nach dem Johnsen-Rahbek-Prinzip.

Das Johnsen-Rahbek-Prinzip beruht bekanntlich darauf, daß ein Halbleiter, wie insbesondere Achat, lithographischer Stein oder dergleichen, der einerseits gegen eine Metallfolie leicht gedrückt wird und andererseits mit einer Metallfolie fest berührt wird, eine Anziehungskraft ausübt, wenn an die Folie der Pluspol einer Spannungsquelle (ca. 220 Volt), an die Metallplatte deren Minuspol gelegt wird. Diese Einrichtung erfordert, obwohl sehr erhebliche Anziehungskräfte mit ihr ausgeübt werden, nur äußerst geringe Leistungen, etwa in der Größenordnung von $3 \cdot 10^4$ Watt. Man hat dies Prinzip mit besonderem Erfolg, insbesondere was die Lautstärke anbelangt, zum Bau von Lautsprechern benutzt.

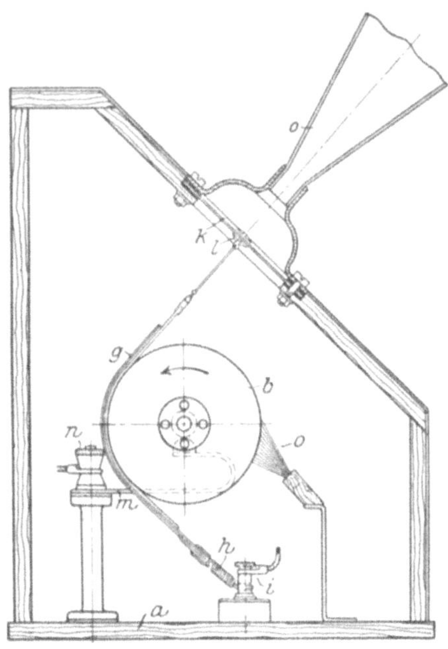

Abb. 102. Schnitt durch den Johnsen-Rahbekschen-Lautsprecher.

Eine derartige Anordnung, die sich der Amateur bei genügender Geschicklichkeit, und sofern er über die entsprechenden Werkzeuge und Hilfseinrichtungen verfügt, selbst bauen kann, ist in ihren wesentlichsten Teilen in den Abb. 102 bis 105 wiedergegeben[1]).

[1]) Siehe z. B.: S. G. Crowder, The Johnsen-Rahbek Loud Speaking Amplifier. The Wireless World and Radio Review. Vol. XI. S. 292. 1922.

Auf der Grundplatte *a* eines pultförmig gebauten Holzkastens ist die Johnsen-Rahbek-Relaisanordnung aufgebaut. Sie wird gebildet aus einer vollkommen zylindrisch gedrehten, hochglanzpolierten Walze *b*, die z. B. aus Achat besteht. Diese wird mittels eines kleinen Elektromotors *c* in Umdrehungen versetzt.

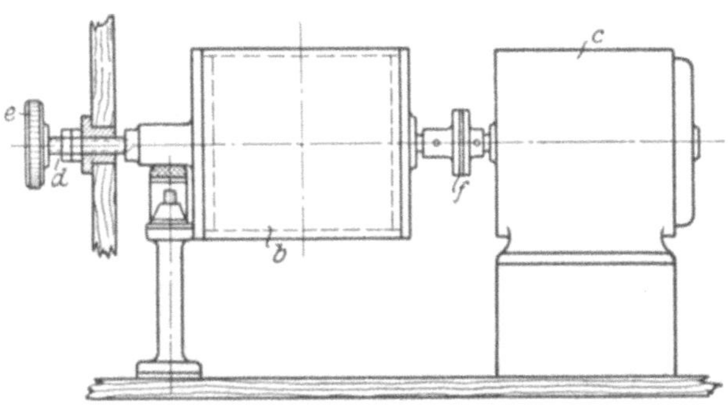

Abb. 103. Lagerung und Antriebsmotor des Johnsen-Rahbek-Lautsprechers.

Besondere Rücksicht ist zu nehmen auf die sorgfaltige Lagerung der Anordnung und auf die Isolation zwischen Walze und Antriebsmotor. Die erstere geht aus Abb. 103 hervor; sie ist besonders genau einstellbar ausgeführt mittels der Schraube *d*, die einen Hartgummiknopf *e* trägt. Die Isolation zwischen den Kupplungshälften *f* soll durch Glimmer bewirkt werden; die Verbindungsschrauben der Kupplungshälften sollen durch Hartgummibuchsen isoliert sein. (Der Maßstab der Abb. ist etwa 1 : 3.)

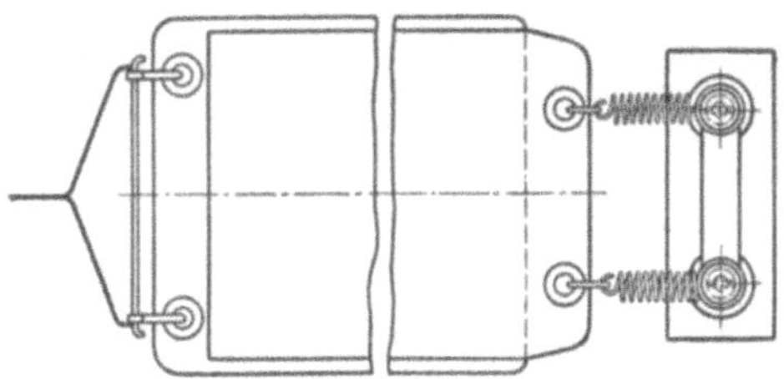

Abb. 104. Filmstreifen und Befestigung desselben beim Johnsen-Rahbek-Lautsprecher.

Mit der Walze *b* macht ein Filmstreifen *g* innigen Kontakt. Dieser ist gemäß Abb. 104 einerseits mit einem außerordentlich dünnen Metallband durch Amylazetat verbunden, das unter Zwischenschaltung von kleinen Spiralfedern *h* an zwei auf einem Hartgummiklötzchen angebrachten Kontaktschrauben *i* befestigt ist. Andererseits ist sie durch eine Seidenkordel an der Glimmermembran k des Lautsprechers unter Zwischenschaltung einer Nadelanordnung l befestigt, wie dies die Abbildung veranschaulicht. Auf dem Halter der Membran k ist ein Schalltrichter o aufgesetzt, dessen Fuß zweckmäßig aus gezogenem Kupferblech in der abgebildeten Form hergestellt sein soll. Die Walze ist auf einer Metallachse montiert. Mit dieser macht eine aus Bronzeblech hergestellte Feder guten Kontakt, welch letztere an eine zweite Kontaktschraube n geführt ist. Durch eine Bürsteinrichtung o wird die Oberfläche der Walze dauernd sauber gehalten.

Abb. 105. Lautsprecher nach dem Johnsen-Rahbek-Prinzip der Huth-Gesellschaft.

Das Ausführungsmodell eines derartigen Lautsprechers der Huth-Gesellschaft, Berlin, ist in Abb. 105 links im geschlossenen gebrauchsfertigen Zustand, rechts zur besseren Übersichtlichkeit der Antriebsorgane im geöffneten Zustand dargestellt. Die Abbildungen zeigen alle wesentlichen Teile der Abb. 102 bis 104. Insbesondere ist auch die Antriebsvorrichtung mittels eines kleinen 110-Volt-Motors, der unter Zwischenschaltung von Gummipuffern am Kastendeckel befestigt ist, sichtbar. An Stelle der Membran nebst Schalltrichter ist hier der Resonanzboden einer Mandoline benutzt, die eine erheblliche Lautverstärkung nutzbar zu machen gestattet. Für das Anstöpseln des Antriebsmotors dienen die rückwärtigen zwei Kontakte des 110-Volt-Motors, für die

Anschaltung des Hilfsfeldes an die Johnsen-Rahbek-Walze die drei weiteren Kontakte, und für die Verbindung des Apparates mit dem Empfänger bzw. dem Verstärker die beiden vorderen Kontakte, an denen das Schild „Mikrophon" angebracht ist.

15. Reise-Lautsprecher.

Häufig wird das Bedürfnis vorhanden sein, den Lautsprecher bequem transportabel zu gestalten. Wenn es auch an sich bei den meisten Konstruktionen nicht schwer ist, den Lautsprecher in seine wirksamen Teile für den Transport zu zerlegen — gewöhnlich findet hierfür eine Zwei- oder Dreiteilung statt —, so müssen bei dieser Lautsprecherart doch die einzelnen Teile für sich verpackt werden, was immerhin zeitraubend ist. Infolgedessen ist es verständlich, daß die Amplion-Gesellschaft einen speziell für Reisezwecke gebauten Lautsprecher auf den Markt gebracht hat, welcher im Transportzustande in Abb. 106 wiedergegeben ist. Die Abbildung dürfte ohne weiteres verständlich sein.

Abb. 106. Der Reise-Amplion-Lautsprecher, welcher mit allen Zubehorteilen in einem leicht tragbaren Koffer eingebaut ist.

16. Kombination und Einbau des Lautsprechers.

A. Kombination des Lautsprechers mit dem Empfänger bzw. Verstärker.

Der Empfängerbau der Radioindustrie entwickelt sich für die Benutzung durch den Rundfunkabonnenten im wesentlichen nach zwei Richtungen hin. Auf der einen Seite wird angestrebt, den an sich hinsichtlich der Bedienung möglichst einfach zu haltenden Empfänger fallweise evtl. mit einem Verstärker und dem Lautsprecher zu kombinieren.

Auf der anderen Seite liegen zahlreiche Ausführungsformen vor, bei welchen die ganze Apparatur praktisch im wesentlichen unveränderlich zusammengebaut ist und ein sogenanntes Radiomöbel ergibt.

Zur ersten Kategorie gehört die neueste Ausführungsform von Magnavox in New York, U. S. A., von welcher Abb. 107 ein Beispiel darstellt.

Links in der Abbildung ist der nicht nur die sämtlichen Empfänger- und Verstärkerteile, sondern auch eine Rahmenantenne

Abb. 107. Komplette Empfangsapparatur mit Lautsprecher von Magnavox.

bzw. Kapazitätsantenne enthaltende Kasten dargestellt, und rechts ist der hieran angeschlossene neueste kleine Magnavox-Lautsprecher wiedergegeben.

Die sich auch bei einfachen Empfängern in Amerika mehr und mehr herausbildende Tendenz, Empfängerteile, Batterien und Antenne in einem Kasten zu vereinigen, unterstützt naturgemäß die Bestrebungen einer derartigen Nebeneinanderstellung der für den Empfang und die objektive Schallwiedergabe erforderlichen Apparate.

Im Gegensatz hierzu stehen, wie schon bemerkt, die Radiomöbel, bei denen die Empfangsapparatur tunlichst mit allen Zubehörteilen, aber auch mit dem Lautsprecher zu einem Ganzen zusammengebaut ist und auch ständig zusammen bleiben soll.

Abgsehen von den hierbei zu berücksichtigenden meist nicht ganz einfach liegenden elektrischen Verhaltnissen (kapazitive Nebenschlüsse, wilde Rückkopplungen usw.), müssen noch die günstigsten akustischen Bedingungen für den möbelartigen Zusammenbau sehr sorgfältig ausprobiert werden, damit nicht etwa bei der Schallwiedergabe noch weitere Faktoren hinzukommen, welche die Wiedergabe akustisch beeintrachtigen können.

Eine derartige Apparatur kann beispielsweise nicht einfach mit einem grammophonartigen Kasten zusammengebaut werden, da die Wiedergabe von Sprache und Musik auf diese Weise in den meisten Fällen weder deutlich noch frei von Verzerrungen mitschwingender Holzteile usw. sein würde. Vielmehr ist es notwendig, hierbei alle beim Bau guter Grammophone und bei der Erzeugung derartiger R.T.-Empfangerlautsprecher gewonnenen Erfahrungen zu berücksichtigen und sich zunutze zu machen. Wenn man hier die Verhaltnisse richtig wählt, kann man auf sehr hochwertige Apparaturen kommen.

So zeigt z. B. Abb. 108 einen derartigen hochwertigen Zusamsammenbau eines Grammophons mit der Empfangsapparatur und dem Lautsprecher, ausgeführt von der C. Lindström A.-G., Berlin SO. 33. Es kann wahlweise der links bei geöffnetem Deckel sichtbare Röhrenempfangerverstärker auf den Schalltrichter des Grammophons geschaltet werden, oder aber es kann z. B., wenn nicht empfangen wird, der Empfänger abgeschaltet werden, und es können Schallplatten auf den Grammophonteller aufgelegt werden. Alsdann wird die Parlophonschalldose für den Grammophonbetrieb verwendet.

Vom Grammophonbau liegen, wie bemerkt, auch für den Zusammenbau schon gute Erfahrungen vor. Hinzu kommt, daß die kunstgewerblichen Arbeiten der Holzindustrie in den letzten Jahren mit Bezug auf Geschmack und Ausführung wesentlich besser geworden sind. Einige besonders in Frage kommende Ausführungen derartiger Empfänger, wie sie von der englischen und französischen Radioindustrie geschaffen wurden, sind in den nachfolgenden Abbildungen wiedergegeben.

B. Einbauten.

Abb. 109 zeigt eine im gewöhnlichen Bureaustil angefertigte hochwertige Mehrröhrenapparatur. Im oberen Teil eines shannon-

Abb. 108. Grammophonschrank mit 5-Röhrenempfänger und mit der Umschaltmöglichkeit auf Lautsprecherbetrieb der C. Lindström A.-G., Berlin SO. 33.

artigen Schrankes sind die Empfänger einschließlich ihrer Abstimmungselemente vorgesehen. Die Handgriffe sind, nachdem man den Jalousieverschluß zurückgezogen hat, ebenso wie die Röhren leicht auswechselbar. Der Lautsprecher, dessen mit Jalousiebrettern versehene Öffnung rechts unten sichtbar ist, ist direkt mit dieser Apparatur verbunden. Unter dem Lautsprecher besonders eingebaut ist ein Raum für den Heizakkumulator und die Anodenbatterien, welcher für sich geöffnet und bedient wird, so daß durch die etwa heraustretenden Säuredämpfe der obere Teil des Schrankes nicht gefährdet wird. Auch die Reserveteile können in diesem unteren Kasten bzw. in einem unter demselben angebrachten Schubfach untergebracht werden. Auch für eine kleine Bibliothek ist noch Raum vorhanden.

Größeren Ansprüchen genügt der in Abb. 110 wiedergegebene Empfängerkasten, welcher Holzschnitzereien und gedrehte flämische Füße aufweist. Die Empfangsapparatur ist durch die

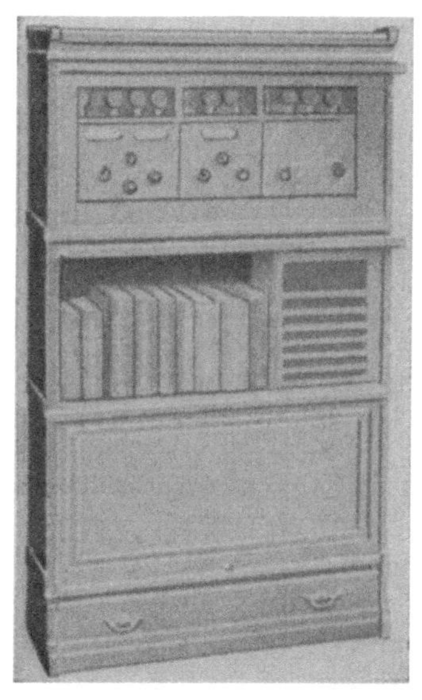

Abb. 109. Mehrröhren-Empfänger-Verstärker in einen Shannonschrank eingebaut.

Abb. 110. Flämischer Schrank mit Empfangsapparaten und Lautsprecher.

Glastür erkennbar und kann nach Öffnen der Tür leicht bedient werden. Der Trichter des Lautsprechers ist darüber angebracht. Im unteren Teil des Schränkchens sind auch hier wieder die Strom- und Spannungsquellen angeordnet.

Während diese beiden Ausführungen einen festen Einbau der Empfangsapparaturen und des Lautsprechers darstellen, ist es natürlich auch möglich, um eine größere Variabilität der Verhältnisse zuzulassen, daß man das Radiomöbel gemäß Abb. 111 gestaltet. Dieser in Form einer japanischen Lackarbeit auf vier Füßen stehende Kasten enthält lose alle Einzelteile. Für den Gebrauch können dieselben entweder im Kasten verbleiben oder herausgenommen werden, was besonders für den Lautsprecher zweckmäßiger sein wird.

Abb. 111. Japanischer Lackschrank, in welchen die Empfangsapparate, der Lautsprecher usw. lose hineingestellt sind.

Die Zahl der möglichen Varianten kann hier natürlich nicht erschöpft werden. Viel benutzt sind namentlich in England auch Schreibtische, bei welchen die Empfangsapparatur in einem rückwärtigen Aufbau untergebracht ist; beliebt sind ferner Biblio-

Abb. 112. Dayton-Empfangsständer mit neben dem Röhrenempfänger eingebautem Lautsprecher.

Abb. 113. Modernster amerikanischer Schrankapparat mit eingebautem Laut sprecher (Fada).

theksschränke, bei denen nach Hervorklappen oder Öffnen einer Tür die Empfangsapparatur für die Benutzung zur Verfügung steht. Auch die Tischchen großer Stehlampen hat man vorteilhaft für Empfangszwecke ausgenutzt. Bei allen diesen Varianten ist besonders darauf zu achten, daß der Formgebung zuliebe nicht etwa der hochfrequenztechnische Einbau der Empfangsapparatur leidet.

Der moderne Empfangsmöbelbau in Amerika geht die Wege, die durch die typischen Formen der Abb. 112 und 113 ausgedrückt sind: Empfänger und Lautsprecher sind zusammengebaut in einem verhältnismäßig leicht beweglichen, elegant aussehenden Schrank.

C. Lautsprecherinstallationen in großen Häusern, Hotels usw. in Amerika.

In großen Häusern New Yorks wird zur Zeit häufig folgende Installation ausgeführt:

Im Kellerraum des betr. Hauses werden mehrere, z. B. vier Hauptempfangsapparate aufgestellt. Von diesen führen Niederfrequenzleitungen in die Hauptzimmer des Hauses, beispielsweise in die Herrenzimmer, wobei sie in Stöpselbrettern *e* mit vier Löchern endigen. In jedes dieser Stöpsellöcher kann der Lautsprecheranschluß beliebig eingestöpselt werden, wie das Schema entsprechend Abb. 114 zeigt. Der andere Pol wird in gewöhnlicher Weise angeschlossen. Auf diese Art ist es möglich, beliebig eine der Sendungen der vier Empfänger in dem betr. Zimmer zu reproduzieren, wobei vor den Lautsprecher noch je ein besonderer Verstärker *f* geschaltet wird.

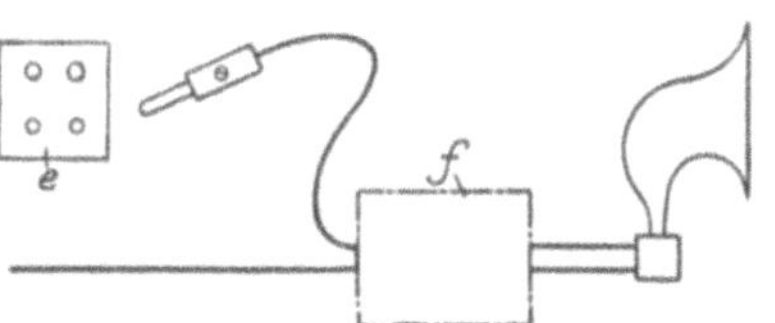

Abb. 114. Lautsprecheranschluß in großen Häusern, Hotels usw. in Amerika.

17. Lautsprecher für große Räume.

Saal-Lautsprecher, Lautsprecher für sehr große Räume bzw. für das Freie.

Wenn man die Wiedergabe sehr großer Schallintensitäten bewirken will, muß man naturgemäß zu ganz besonderen Mitteln greifen, und mehr als bisher wird die Lautsprecherfrage eine Frage der Kraftverstärkung. Es gelten alsdann die diesbezüglich für die Kraftverstärkung entwickelten Gesichtspunkte.

Eine recht befriedigende Lösung für größere und auch große Räume stellt der nachstehende Lautsprecher von Hausdorff dar (Abb. 115 u. 116).

A. Der Lautsprecher von M. M. Hausdorff.

Ein möglichst allen Ansprüchen genügender Lautsprecher muß in der Weise zusammengesetzt sein, daß vom Primärkreis

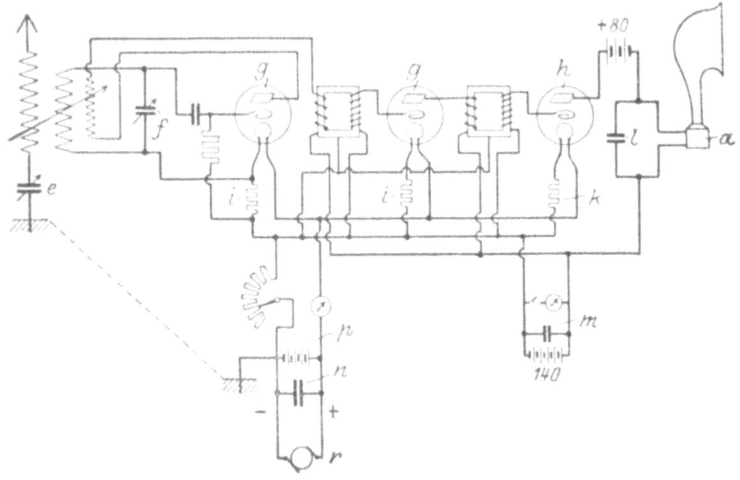

Abb. 115. Schaltungsschema des Lautsprechers von M. M. Hausdorff.

des Empfängers an bis zur Wiedergabeeinrichtung des Lautsprechers selbst sämtliche Teile zueinander passend dimensioniert sein müssen. Es ist daher auch nicht angängig, irgendeinen Teil willkürlich auszuwechseln und durch einen beliebigen andern zu ersetzen, da im allgemeinen hierdurch ein befriedigender Effekt ausgeschlossen wird.

Eine Lautsprecheranlage, welche trotz ihrer verhältnismäßigen Einfachheit schon ziemlich hohen Ansprüchen sowohl mit Bezug auf Lautstärke als auch auf Reinheit der Klangwiedergabe entspricht, ist der beistehende Lautsprecher. Um die genügende Lautstärke zu erreichen, wird hierbei naturgemäß Kraftverstärkung verwendet. Das sich auf diese Weise ergebende

Schaltungsbild ist in Abb. 115 zum Ausdruck gebracht. In dem als offene Antenne gezeichneten Kreis, welcher selbstverständlich im entsprechenden Bereich des betreffenden Rundfunksenders durch Innenantenne oder Rahmenantenne ersetzt werden kann, ist als Abstimmittel z. B. ein Drehkondensator *e* eingeschaltet. Im Sekundärkreis sind drei Röhren vorgesehen, welche teils als Detektor, teils als Verstärker wirken. Vom Anodenkreis der ersten Röhre ist auf die Sekundärempfangsspule zurückgekoppelt. Im Anodenkreis der letzten Röhre ist der Lautsprecher *o* eingeschaltet. Die Zusatzbatterie soll etwa 80 Volt Spannung haben und an der gezeichneten Stelle liegen, wie denn überhaupt bei derartigen Schaltungen die Lage der einzelnen Elemente nicht unwesentlich ist. Parallel zum Lautsprecher liegt ein Kondensator *l* von 9000 cm.

Abb. 116. Lautsprecher mit Kraftverstarker.

Die Anordnung ist so getroffen, daß die Heizung der Röhre sowohl entweder von einer Batterie *p* aus bewirkt wird, oder daß Umschaltung auf das Netz *r* erfolgen kann. Im letzteren Fall muß ein 500 Watt vernichtender Widerstand vorgesehen sein. Bei derartigen Anordnungen ist der Stromverbrauch in den Anodenkreisen nicht gering. Infolgedessen kann es zweckmäßig sein, an Stelle der gewöhnlichen Trockenelementbatterien Anoden-Akkumulatoren zu verwenden.

Materialbedarf:

e und *f* = Drehkondensatoren von je 1000 cm Maximalkapazitat; *g* = Röhren RE 16; *h* = Röhre BE;

i = Widerstände je 0,5 Ohm; m = Kondensator 2 MF;
k = Widerstand 2 Ohm; n = „ 2 MF.
l = Kondensator 9000 cm;

Die Gesamtanordnung der Apparatur ist in Abb. 116 wiedergegeben und zwar sind im unteren Teil des Lautsprecherkastens an der Schaltplatte die durch das Schaltungsschema zum Ausdruck gebrachten Elemente anmontiert. Um richtige Verhältnisse zu erhalten, müssen Strom und Spannung an den vorgesehenen Meßinstrumenten kontrolliert werden. Über der Apparatur, bzw. hinter derselben sind, das den Lautsprecher betätigende Nebenschluß-Telephon und der Schalltrichter angeordnet. Um eine klangreiche Wirkung zu erzielen, kommt es naturgemäß sehr auf Material und Ausführung der Schalldose an.

Ganz besonderer Wert ist bei diesem Lautsprecher auf die akustische Tonführung gelegt. Diese ist vom Voxhaus aus Geigenholz gebaut, besitzt eine Länge von ca. 2 m und hat die Formgebung eines Saxophons. Hierdurch wird eine recht gute Wiedergabe von Musik und Sprache erzielt, wenngleich letzterer naturgemäß ein dem Holz charakteristischer Ton anhaften kann.

B. Eingebaute Lautsprecheranlage von L. de Forest.

Eine andere recht geschickte Lösung des Saal-Lautsprechers stellt die Anordnung in der Halle im Hause von de Forest in New York gemäß Abb. 117 dar. An der rückwärtigen Wand ist in einem vollkommen abschließbaren Schrank bequem bedienbar ein Vierröhren-Reflexempfänger angeordnet. Über demselben sind 3 Trichteranordnungen unter Berücksichtigung der akustischen Anforderungen senkrecht nach obenstehend eingebaut, deren Öffnungen oben über dem Schrank sichtbar sind. Die Schallwiedergabe findet also von der rückwärtigen Wand aus in den Raum hinein statt, wobei gebenenfalls, wenn von besonders weit abgelegenen Stationen empfangen werden soll, noch ein besonderer Kraftverstärker zwischengeschaltet werden kann.

Es ist anzunehmen, daß mehr und mehr mit der Einführung der R.-T. derartige hochwertige Ausführungen Eingang finden werden.

C. Lautsprecher für sehr große Räume bzw. für das Freie.

Zuweilen liegt die Aufgabe vor, für sehr große Hallen, Theater, bzw. auch für das Freie, z. B. bei Wählerversammlungen, insbesondere Sprache laut wiederzugeben. Es ist hierzu natürlich erforderlich, eine sehr große Energie und Klangfülle zur Verfügung zu haben. Die große Klangfulle muß durch eine entsprechend große Luftmenge erzeugt werden, und hierzu sind gewöhnlich große Trichterabmessungen notwendig.

Abb. 117. Eingebaute Hallenlautsprecheranlage im Hause von L. de Forest.

An und für sich sind die meisten der vorstehend beschriebenen Systeme geeignet, die erforderliche Schallenergie hervorzurufen. Es kommt ja im großen ganzen nur darauf an, eine entsprechend größere und auch stärkere Membran als für die gewöhnlichen Lautsprecher zu verwenden.

Aber einerseits ist der Wirkungsgrad dieser Anordnungen noch schlechter als bisher, andererseits neigt die Membrananordnung, wenn man sie in ungewöhnlich großen Dimensionen herstellt, besonders zu Verzerrungen, so daß man wohl bei genügender Kraftverstärkung die Schallintensität erhält, daß jedoch der Charakter der Sprache mehr und mehr verloren geht.

Man hat sich infolgedessen anderen für diese Spezialzwecke geeigneteren Systemen zugewendet. So ist z. B. der Johnsen-

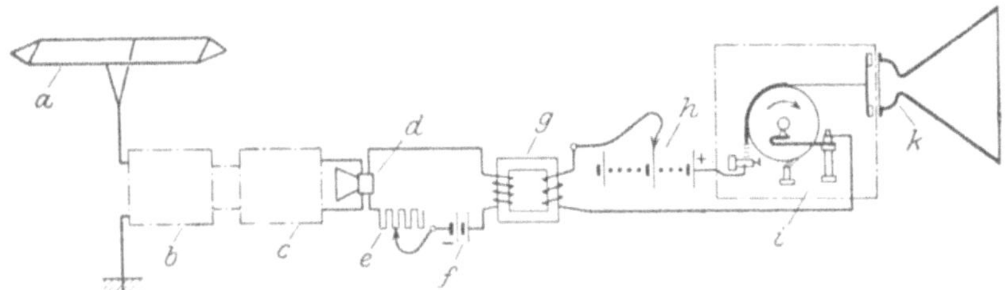

Abb. 118. Johnsen-Rahbek-Lautsprecherschaltung für sehr große Energien.

Rahbek-Lautsprecher mit Erfolg in der Motorform verwendet worden, um Wahlresultate, neueste Nachrichten usw. dem Publikum zu vermitteln. Die Anschaltung ist hierbei naturgemäß eine andere als bei Verwendung in kleineren Räumen. Die Gesamtanordnung, die sich dann ergibt, ist in dem Schema gemäß Abb. 118 zum Ausdruck gebracht. Mit der Antenne *a* ist ein Abstimmapparat *b* verbunden; *c* ist ein Verstärker, an den ein Mikrophonrelais *d* oder ein mit einem Mikrophon verbundener Empfänger angeschlossen ist. *e* ist ein regulierbarer Widerstand, *f* und *b* sind Spannungsquellen, *g* ein Transformator, *i* der oben beschriebene Lautsprecher mit dem Schalltrichter *k*. Die Anordnung kann so getroffen werden, daß die Batterie *h* gleichzeitig auch für das Anodenfeld der Verstärkerröhren dient.

Auch die Verwendung elektrostatischer Telephone, wie sie zuerst von G. Seibt angegeben worden sind, kommt hierfür in Betracht.

Die erforderliche große Klangfülle wird, wie schon bemerkt, durch Trichter besonders großer Abmessungen erzielt. Derartige Trichter werden meist viereckig zusammengebaut, wie dies die

Abb. 119 und 120 zeigen. Die Lange betragt beispielsweise 4 m, und das Gewicht eines solchen Trichters ist recht erheblich. Die Montage eines derartigen Trichters für einen Riesenlautsprecher ist in Abb. 119 wiedergegeben.

Abb. 119. Montage eines amerikanischen Riesenlautsprechers.

Meist wird die Anordnung einer solchen Megaphonanlage entsprechend Abb. 120 bewirkt. Auf der oberen Bühne des hohen eisernen Gerüstes sind die Lautsprecher mit ihren Trichtern aufgebaut und an die Empfangsapparatur angeschlossen. Der Schall bestreicht alsdann den darunter liegenden Platz und ist unter Umständen auf mehrere Kilometer weit hörbar.

Abb. 120. Behelfsmaßige Megaphonanlage in einer amerikanischen Stadt.

Insbesondere in Amerika erfreuen sich diese Lautsprecher besonderer Beliebtheit, nicht nur um politische Botschaften des Präsidenten der Bevölkerung zu übermitteln, Wahlresultate usw. bekannt zu geben, sondern sie sind auch seit Jahren an den belebtesten Punkten der Straßen nordamerikanischer Städte aufgestellt, um über alle aktuellen Nachrichten, insbesondere über Boxmatches, Faustkämpfe und ähnliche höchst wichtige Dinge der Bevölkerung ständig Mitteilungen zukommen zu lassen.

D. Bandlautsprecher von Siemens & Halske.

Die vor allem für ein großes Schallvolumen besonders schwierig zu lösende Aufgabe, ein relativ großes Luftvolumen in Schwingungen zu versetzen, wird insbesondere dann verhältnismäßig günstig zu lösen sein, wenn die Masse der Membran tunlichst gering gehalten werden kann.

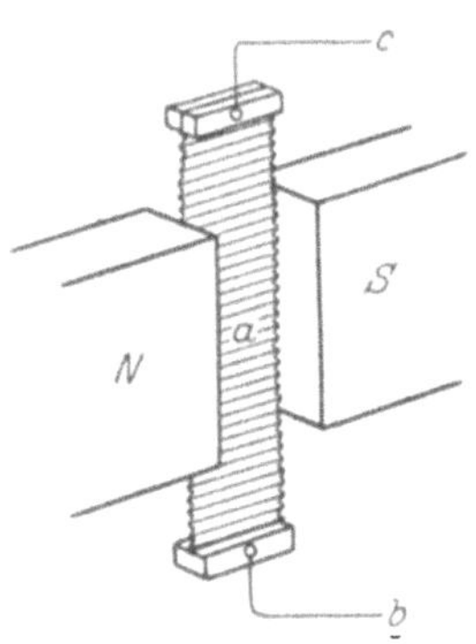

Abb. 121. Schema des Bandlautsprechers der Siemens & Halske A.-G.

Diese Aufgabe kann in recht guter Weise durch den richtig eingestellten Bandlautsprecher gelöst werden, bei welchem gemäß Abb. 121 in einem starken Magnetfeld *NS* ein dünnes Aluminiumbändchen *a* angeordnet ist, welchem bei *c* bzw. *b* Strom zu- bzw. abgeleitet wird.

Um die gewünschte Wirkung zu erreichen, ist es notwendig, das Magnetfeld sehr stark zu gestalten. Man benutzt in der Praxis einen sehr kräftig gehaltenen Elektromagneten gemäß Abb. 122, welche den Lautsprecher ohne den hölzernen Schutzkasten und Trichteransatz darstellt. In den Spalt dieses Elektromagnetfeldes wird der Bandeinsatz gemäß Abb. 123 eingefügt, welcher aus zwei Isolierplatten besteht, zwischen denen in der Mitte das gewellt ausgeführte, sehr dünne Aluminiumbändchen angeordnet ist. Infolgedessen ist es nicht nur möglich geworden, ein verhältnismäßig sehr großes Luftvolumen in akustische Schwingungen umzusetzen, sondern es war auch möglich, den Wirkungsgrad der Anordnung wesentlich zu verbessern. Sobald durch das Bändchen Strom fließt, wird es im Magnetfeld abgelenkt und führt nach vorn und rückwärts Schallschwingungen aus, welche als Sprache oder Musik entsprechend laut hörbar sind.

Ein weiterer Vorteil der Anordnung besteht darin, daß ausgesprochene Resonanzlagen nicht vorhanden sind. Der Gesamt-

Abb. 122. Vollstandiger Bandlautsprecher von Siemens, ohne Schutzkasten.

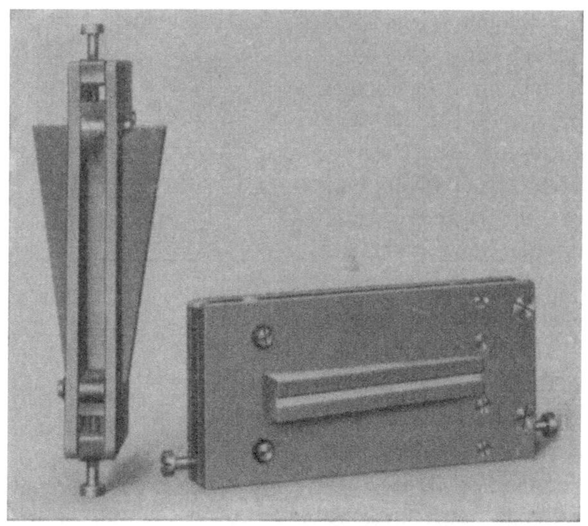

Abb. 123. Bandeinsatzteil des Siemens-Lautsprechers.

schwingungsbereich von den tiefsten Schwingungen bis auf etwa 10000 Schwingungen pro Sekunde hinauf, wird verhältnismäßig unverzerrt wiedergegeben.

E. Bandlautsprecheranlage von Siemens & Halske, insbesondere für Übertragung von Reden, Vorträgen usw.

Das Anordnungsschema von einer größeren Bandlautsprecheranlage von Siemens, wie sie insbesondere für die Übertragung von Reden an große Volksmengen in Sälen und im Freien mit bestem Erfolge in letzter Zeit angewendet worden ist, zeigt Abb. 124. Der Vortragende spricht in das Bandmikrophon *a* hinein. Mit diesem Mikrophon ist ein Zweifachverstärker verbunden, welcher im Besprechungsraum direkt angebracht ist.

Von diesem Verstärker führen drei Leitungen nach den Verstärkern 2 und 3, welche rechts in der Abbildung gezeichnet sind. Mit dem Ausgangstransformator des Verstärkers 3 ist der niederohmige Lautsprecher *b* durch Leitungen verbunden. Bei diesen Übertragungen

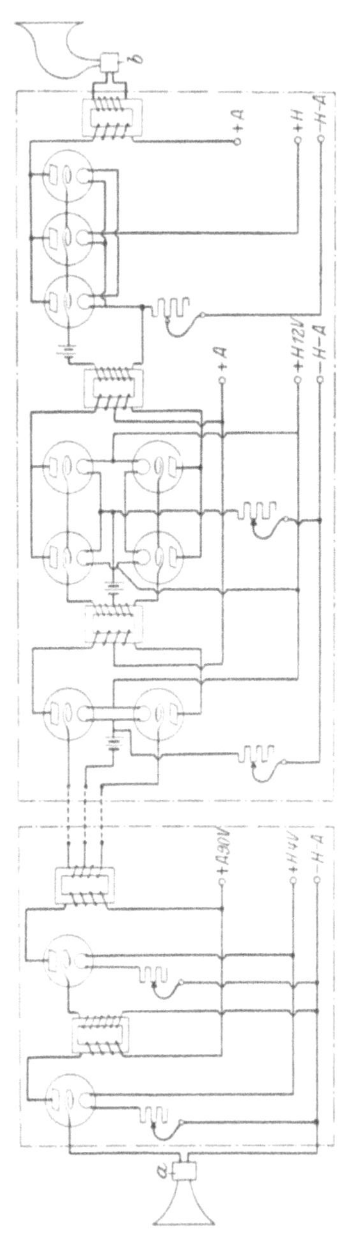

Abb. 124. Schaltungsanordnung für den Siemens-Bandlautsprecher unter Benutzung des Bandmikrophons für Reden, Vorträge usw.

war dies ein Bandlautsprecher von Siemens, wie er z. B. in Abb. 125 dargestellt ist.

Abb. 125. Großer Bandlautsprecher von Siemens & Halske.

Insbesondere für die Wiedergabe von Reden mit einer Schallintensität, wie sie eine außerordentliche Vielheit der mensch-

Abb. 126. Verwendung von Bandlautsprechern bei der Jahrtausendfeier der Rheinlande in Berlin am 14. Juni 1925 zur Übertragung der Reden an die Volksmenge.

lichen Stimme darstellt, aber auch für musikalische Übertragungen ist diese Anordnung mit bestem Erfolge angewendet worden. So ist z. B. gelegentlich der Reichsreklamemesse in Berlin, im Frühjahr 1925, die Musik der im Messetheater gespielten Revue „Ist denn hier der Teufel los?" einer großen Menschenmenge, welche sich vor der Ausstellung angesammelt hatte, zu Gehör gebracht worden.

F. Groß-Lautsprecher von Marconi.

Bei dem Großlautsprecher von Marconi ist das elektrodynamische Prinzip verwendet. Ein Schnitt durch den Lautsprecher zeigt Abb. 127. Die Magnetspule *a* ist, wie die Abbildung zeigt, in einem Eisenkörper *b* angeordnet. Die Spule verbraucht 4 Ampere bei 6 Volt und erzeugt ein Magnetfeld im Luftraum von 9000 Kraftlinien pro cm². Über diese Anordnung ist die Membran *c* ausgespannt, an welcher eine aus sehr dünnem Draht hergestellte Dynamometerspule *d* befestigt ist. Die Grundschwingung dieses Systems wird im allgemeinen zwischen 150—250 Schwingungen pro Sekunde gewählt. Auf diese Weise soll namentlich für Sprache der günstigste Effekt erzielt werden. Bemerkenswert bei der Anordnung sind außerdem noch die kreisförmigen Riffelungen der Membran neben den Einspannringstellen.

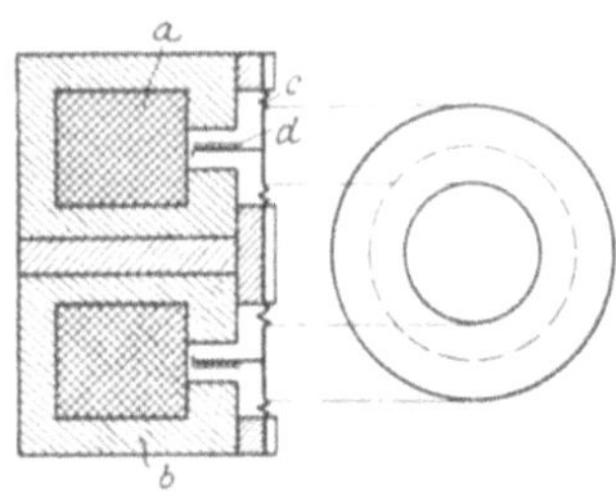

Abb. 127. Schnitt durch die Lautsprecherschalldose von Marconi.

Wie Abb. 128 zeigt, wird diese Schalldose mit einem großen, im wesentlichen leicht konisch gehaltenen Trichter verbunden, wobei die Schallöffnung *e* einen Durchmesser von nur 1 cm hat, während die Mundöffnung des Trichters bei der kleineren Type 45 cm besitzt.

Die im vorstehenden beschriebenen wesentlichen Teile des Lautsprechers sind ferner noch aus der Photographie gemäß Abb. 129 zu entnehmen.

Der Zusammenbau der großen Type, welcher in einen Fuß leicht drehbar gelagert ist, geht aus Abb. 130 hervor.

Dieser Lautsprecher wird mit einem Achtröhrenverstärker betrieben, welcher 300—400 Volt Anodenspannung besitzt. Die Gitterspannung ist negativ.

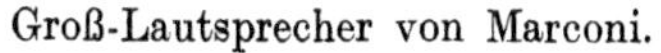

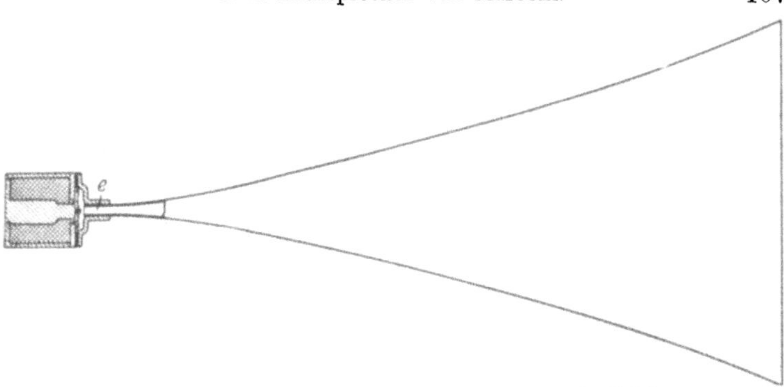

Abb. 128. Schnitt durch den Lautsprecher mit Trichter.

Abb. 129. Teile der Marconi-Lautsprecherschalldose: Magnetfeld, Membran, Trichteransatz, Eisenkern usw.

Abb. 130. Gesamtansicht des großen Lautsprechers von Marconi.

G. Benutzung mehrerer Großlautsprecher für große Räume, für das Freie usw.

Von der Marconi-Gesellschaft wird beispielsweise eine Anordnung der Lautsprecher und Verstärker für die Wiedergabe von Reden, Vorträgen usw. gemäß Abb. 131 ausgeführt. Es wurde hierbei besonders beachtet, daß das Mikrophon nicht zu nahe am Lautsprecher, namentlich im geschlossenen Raum, aufgestellt werden darf, weil sonst eine Rückkopplung des Lautsprechers auf

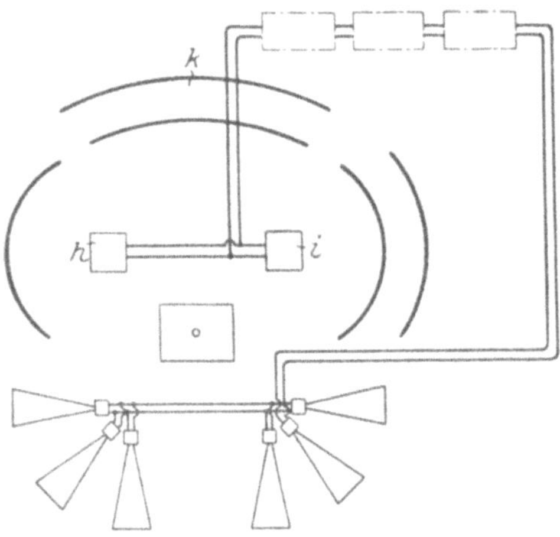

Abb. 131. Anordnung des Mikrophons und der Lautsprecher bei Reden usw. nach Marconi.

das Mikrophon ausgeübt wird, wodurch Heulgeräusche usw. entstehen können.

Bei dem Schema gemäß Abb. 131 steht bei *a* der Sprecher, welcher das Mikrophon *b* bespricht, durch drei Verstärker *c*, *d*, *e* wird zunächst der Sprachstrom verstärkt und alsdann beispielsweise zwei parallelen Kombinationen von Lautsprechern *f* und *g* zugeführt.

Bei Übertragung von Orchestermusik muß eine entsprechend andere Anordnung der Mikrophone, welche in diesem Falle nötig sind, um die verschiedenen Instrumente subjektiv akustisch behandeln zu können, erfolgen. Alsdann empfiehlt es sich, nach Angabe von Marconi eine Anordnung gemäß Abb. 132 zu treffen, für welche sinngemäß das bei Abb. 131 Ausgeführte gilt. Hierbei

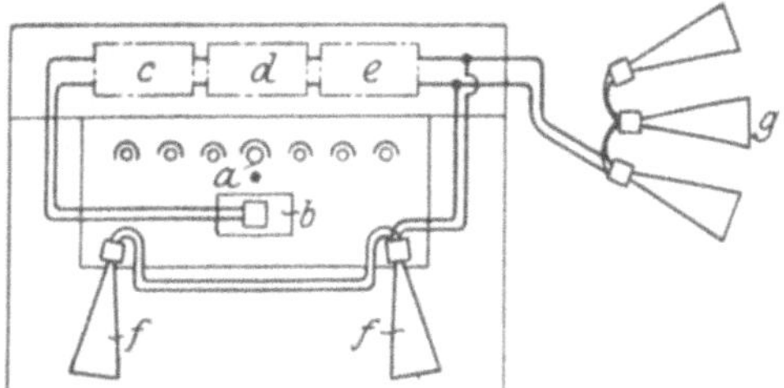

Abb. 132. Anordnung der Mikrophone und der Lautsprecher bei Orchestermusik nach Marconi.

ist die Aufstellung der Instrumente so vorgesehen, daß bei *h* die Violinen stehen, bei *i* die Flöten, und die großen Blasinstrumente, Pauken usw. bei *k* aufgestellt werden. Hierbei werden außerdem die Mikrophone so einadjustiert, was insbesondere leicht möglich ist bei Kondensatormikrophonen, daß eine entsprechende Schalldosierung und demgemäß akustisch günstige Übertragung bewirkt wird.

Bemerkenswert ist auch bei dieser Anordnung, daß die Mikrophone rückwärts hinter dem Lautsprecher angeordnet sind, da durchaus vermieden werden muß, daß die Schallwiedergabe der Lautsprecher direkt die Mikrophone beeinflussen kann.

18. Zubehörteile. Anschluß- und Reinigungskreise.

A. Mehrfachanschlußstecker für mehrere Doppelkopfhörer bzw. Lautsprecher.

Die Anschlußsteckvorrichtungen sind nicht nur in Form von Brettern und ähnlichen Vorrichtungen hergestellt worden, um mehrere Doppelkopfhörer bzw. auch einen Lautsprecher anzuschalten, sondern man hat auch besondere Klemmen konstruiert, an welche die Doppelkopfhörer in einfacher Weise angeschaltet werden.

Einen derartigen zweipoligen Mehrfachanschlußstecker, welcher mit Bananenkontakten versehen ist, in der Ausführung der D. T. W., gibt Abb. 133 wieder. Die Anschlußkontakte jedes der anzuschaltenden Doppelkopfhörer usw. werden mittels der einander gegenüberstehenden Schrauben der Gruppe *a* und *b* angeschlossen.

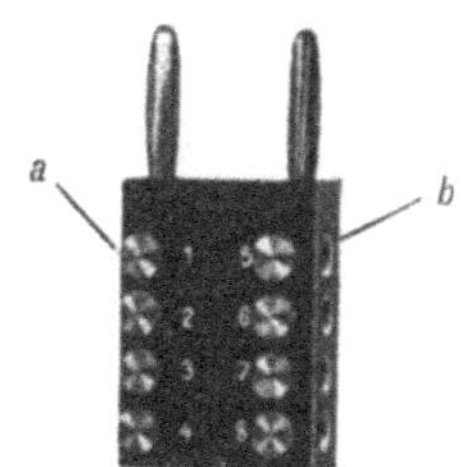

Abb. 133. Zweipoliger Mehrfachanschlußstecker für 4 Doppelkopfhorer der D. T. W. & K.

Ein anderer Gedanke ist bei der Ausführung gemäß Abb. 134 von J. Jessel zugrunde gelegt. Hierbei wird eine Anzahl von Einzelsteckern *a* verwendet, welche so ausgeführt sind, daß in dem oberen Buchsenteil bei *b* weitere Stecker eingesteckt werden können. Auf diese Weise ist es möglich, eine beliebige Anzahl von Steckern ineinander zu stecken und eine Reihe von hintereinander geschalteten Kontaktstellen zu schaffen. Selbstverständliche Voraussetzung dieser Anordnung ist eine ausreichende Kontaktgüte, aber selbst dann ist die Gefahr nicht ausgeschlossen, daß, wenn z. B. bei *a* ein Übergangswiderstand vorhanden ist, auch alle andern Kontakte *b* wesentlich hierunter leiden können. Es ist daher stets darauf zu achten, daß insbesondere der Mutterstecker ohne jeden Übergangswiderstand arbeitet.

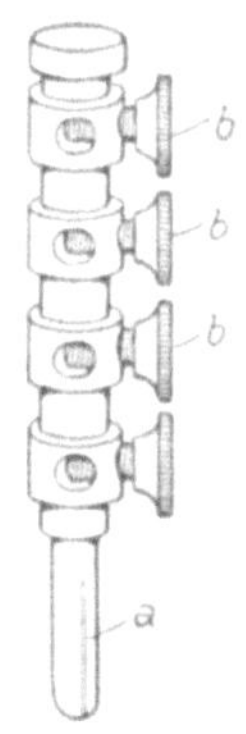

Abb. 134. Übersetzungsstecker von J. Jessel.

B. Telephon-(Lautsprecher-)Anschlußbrett.

In den meisten Fällen wünscht der Radioamateur bzw. der Rundfunkabonnent nicht nur mit einem Telephon zu empfangen, sondern es sollen entweder mehrere Telephone gleichzeitig benutzt werden oder eine Kombination von Telephon und Lautsprecher; letztere beispielsweise für die Einstellung und Kontrolle des Apparates.

Es besteht die Möglichkeit, diese Apparate parallel zum Empfangskreis oder in Serie geschaltet zu verwenden. Beide Schaltungsarten besitzen Vorteile und Nachteile, wobei besonders der durch die Anschaltung resultierende Ohmsche Widerstand zu berücksichtigen ist. Bisher wird meistens die Parallelschaltung von z. B. drei bis vier Telephonen bevorzugt. Die naturgemäße Folge ist eine entsprechende Verminderung der Lautstärke, da die Empfangsenergie sich gabelt und jedes Telephon nur den dritten Teil der Gesamtenergie erhält. In vielen Fällen wird es daher günstiger sein, die drei Telephone in Serie zu schalten, wobei zu beachten ist, daß sich der Widerstand der drei Telephone addiert.

Da die Zahl der Varianten, sowohl der benutzten Empfangsschaltungen der zur Verfügung stehenden Empfangsenergie als auch der Telephone bzw. Lautsprecher, eine überaus große ist, lassen sich kaum allgemein gültige Gesichtspunkte aufstellen; es kommt vielmehr auf eine Ausprobierung von Fall zu Fall an. Hierzu ist es aber notwendig, daß das Übergehen von der einen auf die andere Schaltung rasch und ohne Schwierigkeiten vonstatten geht, da sonst ein Vergleich der Güte, welcher, da es sich um einen akustischen Vergleich handelt, ohnehin nicht ganz leicht ist, nur sehr schwer zu erzielen ist. In den meisten Fällen genügen die bisher im Handel befindlichen Schaltorgane nicht. Entweder sind sie so ausgeführt, daß wohl eine große Anzahl von Telephonen parallel geschaltet werden kann, wobei aber das Übergehen auf Serienschaltung gar nicht möglich ist, oder es sind hierzu verhältnismäßig zeitraubende Handgriffe erforderlich.

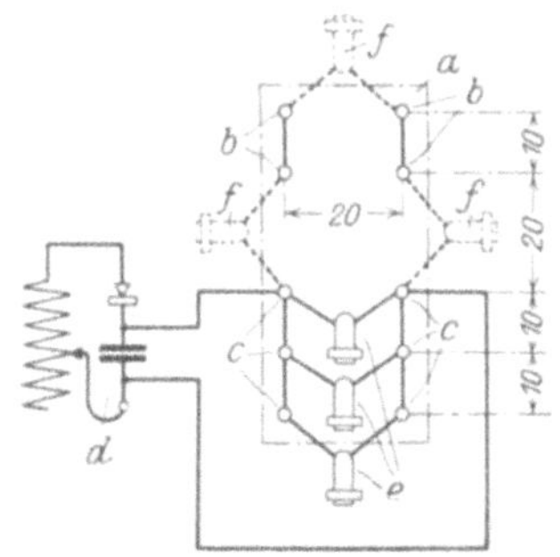

Abb. 135. Schema des Anschlußbrettes und der Verbindungen.

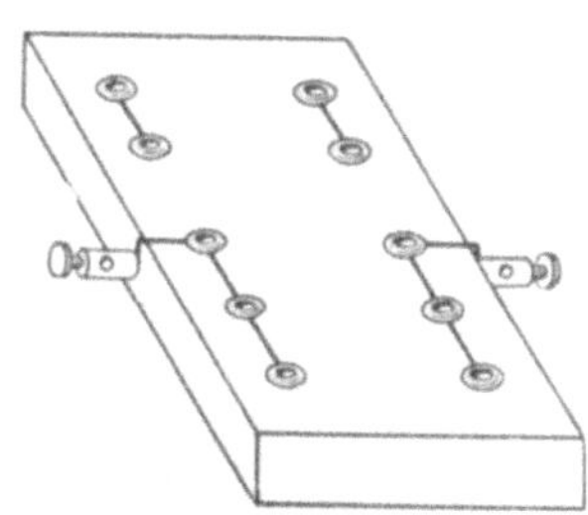

Abb. 136. Ausführung des Anschlußbrettes von E. Nesper.

Bei dem in den Abb. 135 und 136 wiedergegebenen Anschlußbrett sind einerseits diese Nachteile vermieden, andererseits ist die Möglichkeit gegeben, wahlweise bis zu drei Telephonen oder auch Lautsprechern parallel oder in Serie zu schalten. Ebensogut können hiermit auch bis zu sechs Apparate sowohl in Serie als auch parallel geschaltet benutzt werden. Die Anordnung ist alsdann so getroffen, daß die Umschaltung ohne Zeitverlust sofort erfolgt, einfach durch Einstecken bzw. Herausziehen eines Telephonsteckers.

Gemäß den Abb. 135 und 136 bezeichnet *a* ein kleines, aus Isoliermaterial hergestelltes Anschlußbrettchen, auf welchem die Kontaktbuchsenpaare *b* und *c* montiert sind. Die Normalabstände von 20 bzw. 19 mm sind aus der Abbildung zu ersehen. Je drei der sechs unteren Kontaktbuchsen *c* sind miteinander gut leitend verbunden, während die beiden oberen Kontaktbuchsenpaare *b* ohne Verbindung im Anschlußbrettchen angebracht sind. Die unteren Kontaktbuchsen *c* sind mit der Empfangsapparatur *d*, welche, um ein einfaches Beispiel zu geben, als Kristalldetektorkreis gezeichnet ist, verbunden.

Entweder können in die unteren Kontaktbuchsen *c* bis zu drei Telephone *e* eingestöpselt werden, welche alsdann parallel zueinander liegen, oder die oben punktiert eingezeichneten drei Telephone *f* können in die Buchsenpaare *b* und die oberen Buchsen von *c* eingestöpselt werden, wodurch eine Serienschaltung der drei Telephone bewirkt wird. Außer dieser kann aber gleichzeitig auch noch eine Parallelschaltung bewirkt werden.

Bei der Ausführung des Brettchens ist natürlich besonders darauf zu achten, daß die eingetragenen Normalabstände der Buchsen genau eingehalten werden, da sonst entweder ein Klemmen beim Einstecken der Buchsen eintreten könnte oder unter Umständen kein zuverlässiger Kontakt erzielt würde.

19. Anschluß des Lautsprechers an den Verstärker. Reinigungskreise.

Aus den oben angegebenen Gründen wird häufig der Wunsch vorhanden sein, die Darbietungen des Lautsprechers zu verbessern, insbesondere Störschwingungen, Klirren usw. zu beseitigen.

Um die gewisse Klirrgeräusche hervorrufenden Oberschwingungen bei einem Lautsprecher abzudrosseln, ist es zweckmäßig, einen Festkondensator von etwa 5000 cm Kapazität parallel zum Lautsprecher zu schalten. Dieses kann namentlich bei der Wiedergabe musikalischer Darbietungen vorteilhaft sein, wobei die etwas dunklere Tonfärbung meist nicht stören wird.

Bei der Übertragung von Sprache hingegen kann die hierdurch bewirkte dunkle Klangfärbung störend wirken, so daß man bei Sprache den Festkondensator wieder abschaltet.

Indessen sind zuweilen die Störschwingungen so erheblich, daß man sich zu ihrer Beseitigung noch anderer Mittel bedienen muß. Vor allem machen sie sich dadurch in dem Lautsprecher bemerkbar, daß der Anodengleichstrom in unzulässigem Maße durch die Lautsprecherapparatur hindurchgeht, was infolgedessen verhindert werden muß.

Eine recht brauchbare Methode besteht gemäß Abb. 137 darin, daß parallel zum Lautsprecher ein Shunt in der Größenordnung von mehreren 100000 Ohm parallel geschaltet wird, an dessen Enden der Lautsprecher unter Zwischenschaltung von Festkondensatoren *f* von je etwa 1 MF angeschaltet wird (O. Kappelmayer).

Recht gute Resultate hat man auch durch Verwendung einer Drosselspule genügender Induktanz erzielt. Abb. 138 stellt eine derartige Schaltung dar, wodurch ebenfalls eine Filterwirkung zustande kommt. Hierfür genügt ein kleiner Parallelkondensator *h* zum Lautsprecher von etwa 5000 bis 10000 cm.

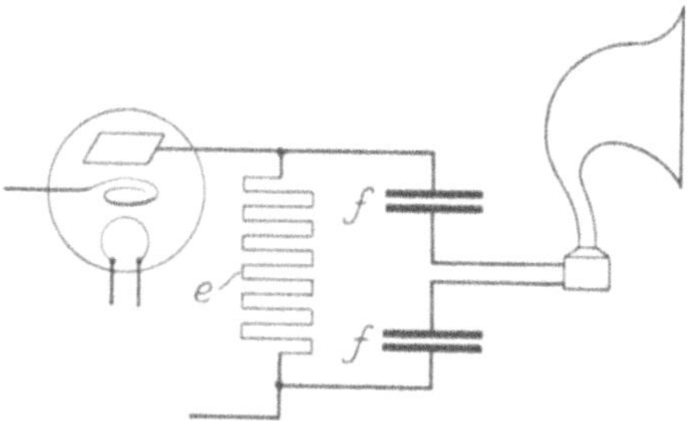

Abb. 137. Filterwirkung durch den Shunt.

Vielfach ist der Lautsprecher ortfest aufgestellt, was besonders bei Reflexschaltungen vorteilhaft ist. Wenn man jedoch die Darbietungen in verschiedenen Räumen vornehmen will, so besteht der Wunsch, den Lautsprecher beweglich anzuschließen, wofür eine mehr oder weniger lange Zuleitung in

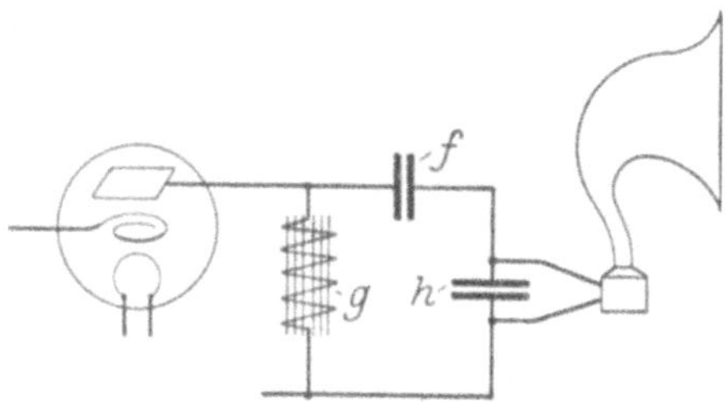

Abb. 138. Drosselspul-Filterkreis für Lautsprecher.

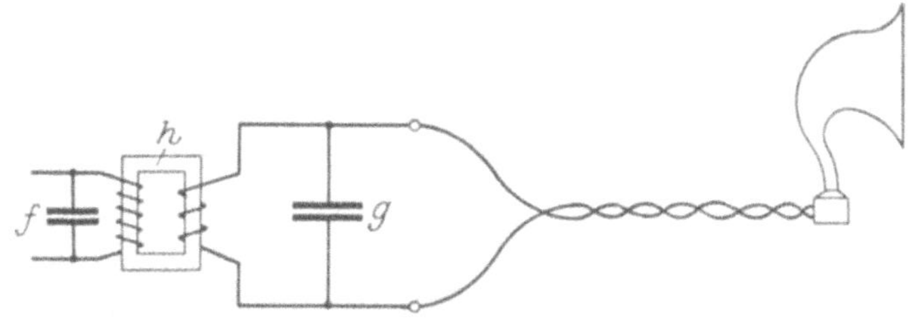

Abb. 139. Transformatoranschluß des Lautsprechers z. B. bei langer Leitungsführung.

Betracht kommt. Muß diese nicht allzu lang sein, so kann man beispielsweise eine Lichtlitze ohne besondere Vorsichtsmaßregeln verwenden, da es sich ja um Niederfrequenz handelt.

Bei größerer Länge und um das Optimum herauszuholen, empfiehlt es sich jedoch, einen Transformator für den Anschluß zu benutzen.

Abb. 139 zeigt diese Anordnung. *h* ist ein gewöhnlicher Abtransformator, *f* ein Kondensator von etwa 1000 cm, *g* von 0,1 MF.

20. Einfluß der Einschaltung der Schalldose in Röhrenkreisen auf die Dimensionierung.

Bei der Dimensionierung der Schalldose spielen aber auch die besonderen, jeweilig vorliegenden Einschaltungsverhältnisse eine gewisse Rolle.

Eine kurze Überlegung möge dieses zeigen:

Wenn man das in den Anodenkreis einer Röhre eingeschaltete Telephon mit äußerst geringer Amperewindungszahl versieht, so ist es klar, daß die Erregung und somit die Lautstärke auch nur gering sein können. Allerdings ist hierbei der Vorteil vorhanden, daß sich der Anodenstrom fast ungeschwächt ausbilden kann. Dieser Vorgang ist in Abb. 140 durch den linken Bereich der Kurve dargestellt.

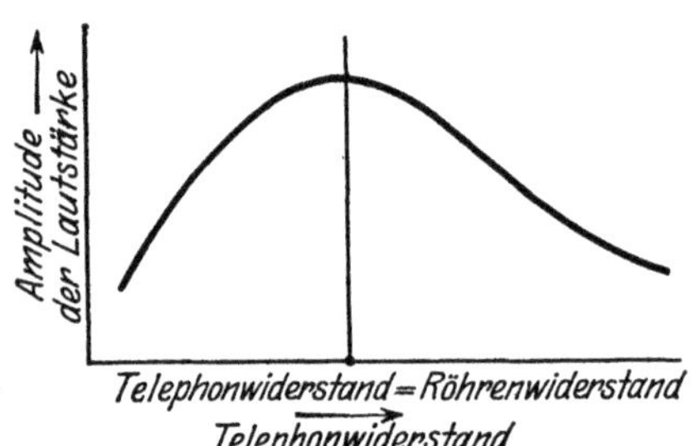

Abb. 140. Abhängigkeit des Wattverbrauches vom Telephonwiderstand (Röhrenwiderstand).

Der andere extreme Fall ist der, daß die Amperewindungszahl des Telephons, somit also auch der Ohmsche Widerstand, außerordentlich groß sind. Alsdann kann theoretisch der Vorteil vorhanden sein, daß die Lautstärke sehr groß ist; indessen tritt im Röhrenkreise der Nachteil auf, daß sich nur ein erheblich verminderter Anodenstrom ausbilden kann, da nur verhältnismäßig wenig Energie für die Röhre verbleibt. Diese Erscheinung ist in der Kurve rechts zum Ausdruck gebracht.

Wenn man nun eine größere Reihe von Telephonen (bzw. eine große Schalldose) mit verschiedenen Widerständen (Amperewindungszahlen) nacheinander in den Anodenkreis einschaltet, so findet man ein mehr oder weniger ausgesprochenes Maximum der Lautstärke, welches theoretisch dann vorhanden ist, wenn der Telephonwiderstand gleich dem Röhrenwiderstand ist. Praktisch läßt sich dies nicht erreichen, da hierzu ein Telephonwiderstand entsprechend dem Röhrenwiderstand im Bereiche zwischen 10000 Ohm und etwa 100000 Ohm erforderlich wäre. Man begnügt sich daher praktisch mit einem Kompromiß, indem man entweder das noch wirtschaftlich mögliche Höchstmaß an Amperewindungen auf die Doppelkopfhörerspulen aufwickelt (ca. 4000—8000 Ohm), oder indem man einen Transformator in den Anodenkreis einschaltet, welcher mit einem entsprechenden Übersetzungsverhältnis versehen wird und welcher gestattet, einen billigen, niederohmigen Hörer sekundär anzuschalten.

21. Selbstbau von Lautsprechern.

Die Selbstanfertigung der Schalldose empfiehlt sich höchstens für einen sehr routinierten Bastler, der auch über schon ziemlich erhebliche Hilfsmittel verfügt. Aber selbst dann bleibt es ein gewisses Wagnis, das sich auch im Falle des Gelingens wenigstens geldlich kaum bezahlt macht.

Richtiger ist es wohl z. B. wie folgt vorzugehen:

Am besten wählt man für die Schalldose einen sog. alten Armeefernhörer, tunlichst einen solchen der größeren Type, welche länglich ovale Magnetspulen besitzt. Diese Fernhörer sind allerdings niederohmig und müssen für den Lautsprecherzweck erst hochohmig gemacht werden. Die Selbstwicklung der Spulen, welche zusammen etwa 2000 Ohm ausmachen sollen, empfiehlt sich nicht. Es ist vielmehr ratsamer, dieselben fertig zu kaufen, da der Preis nur mäßig ist. Bei der Beschaffung ist naturgemäß darauf Rücksicht zu nehmen, daß diese Spulen auch möglichst genau auf die Pole des Fernhörers aufpassen. Eine geringe Nacharbeit der Pole wird möglich sein, wenigstens soweit nicht etwa gehärtete Teile in Betracht kommen. Nach Möglichkeit ist diese Nacharbeit jedoch auf ein Minimum zu beschränken.

Man geht am besten so vor, daß man zunächst vor der Demontage des Fernhörers sämtliche Teile genau markiert, so daß nachher bei den Wiederanschlüssen Schwierigkeiten nicht entstehen können. Nunmehr werden die neuen Spulen an Stelle der alten auf die Pole aufgebracht, wobei der richtige Wicklungssinn und die richtige Zusammenschaltung wesentlich sind, derart, daß ein Nordpol und ein Südpol entsteht. Hierzu ist es also notwendig, daß der Wicklungssinn der einen Spule im Uhrzeigersinne verläuft, der andere im entgegengesetzten. Da nun die Spulen umwickelt sind, ist dies nicht ohne weiteres festzustellen. Eine Abwicklung ist nach Möglichkeit zu vermeiden, da hierdurch Isolationsbeschädigungen bewirkt werden können. Tunlichst wird man deshalb danach trachten, Spulen zu kaufen, bei denen der Wicklungssinn markiert ist. Ist dies jedoch nicht der Fall, so muß man z. B. den Strom einer Taschenbatterie hindurchsenden und mit der Magnetnadel die Stromrichtung feststellen. Übrigens bemerkt man die richtige Schaltung auch dadurch, daß bei Erregung der Spulen eine Anziehung seitens der Pole stattfindet. Nachdem die Spulen aufmontiert und die Membran wieder aufgebracht ist, muß zunächst der auf diese Weise umgebaute Hörer untersucht werden, ob er die nötige Empfindlichkeit besitzt. Evtl. ist, falls er eine Einstellvorrichtung nicht besitzt, durch Unterlegen von Papierscheiben oder auch vorsichtiges Abfeilen des Randes eine Verbesserung der Empfindlichkeit zu bewirken. Erst wenn man sich hiervon überführt hat, können die Spulenenden verlötet werden.

Die auf diese Weise passend gemachte Schalldose kann nun in mannigfaltigster Weise mit einem Trichter, Reflektor, Membran usw. gekuppelt werden.

Aus der großen Zahl der Möglichkeiten seien nur folgende erwähnt:

A. Anfertigung eines Fächerlautsprechers.

Um sich mit recht geringen Mitteln einen guten Lautsprecher selbst zu bauen, kann man (nach F. Harder) wie folgt vorgehen:

Nachdem man die Schalldose *r* (siehe entsprechend den obigen Ausführungen) hergestellt hat, kann man den Lautsprecher entweder mit Membran nach Art des von Lumière oder mit Trichter versehen.

Das erstere wird wie folgt bewirkt:

Man schneidet zunächst gemäß Abb. 141 aus einem Bogen Pergamentpapier evtl. auch Zeichenpapier ein Rechteck, welches eine Breite von etwa 15 cm und eine Länge von etwa 95 cm aufweist.

Dieses Rechteck wird nun entsprechend Abb. 142 gefaltet, wobei die Faltstellen etwa eine Breite von 10—15 mm aufweisen

Abb. 141. Selbstanfertigung eines Lautsprechers: Der Bogen Pergamentpapier für die Membran.

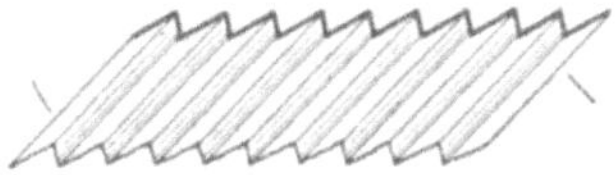

Abb. 142. Schema der Faltung der Membran.

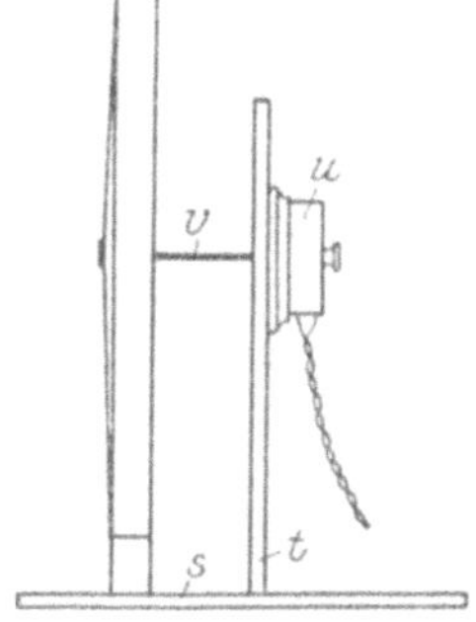

Abb. 144. Kupplung der Membran mit dem Telephon.

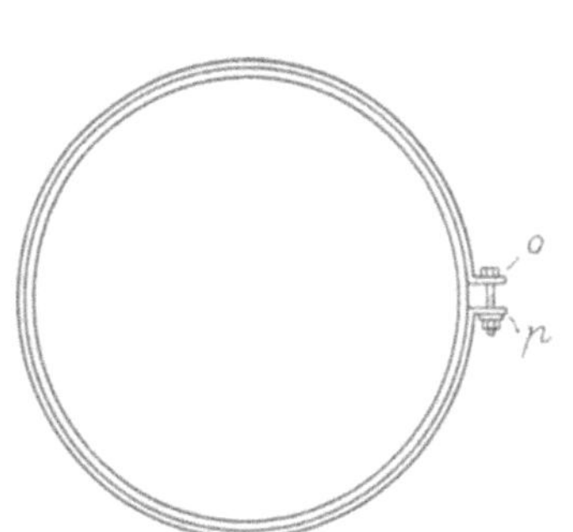

Abb. 143. Die Holzringe, zwischen denen die Membran ausgespannt ist.

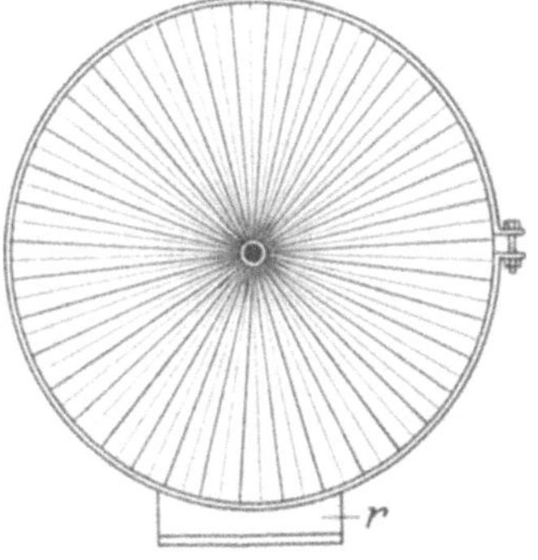

Abb. 145. Die Membran ist zwischen den mit Fuß versehenen Holzringen ausgespannt.

sollen. Dieses bewirkt man am besten über einer scharfen Tischkante. Nachdem dies geschehen ist, wird das gefaltete Rechteck fächerförmig auseinander gespreizt und es werden alsdann die beiden Schmalseiten *m* und *n* miteinander zusammengeklebt. Die Membran ist nunmehr fertig und muß in einen Rahmen eingespannt werden. Bei dieser runden Gestaltung der Membran bewirkt man dieses am besten gemäß Abb. 143 in zwei ineinander passenden Holzringen, wobei der äußere Ring mit einer Schelle *o* und Spannschraube *p* versehen ist. Der äußere Ring wird mittels eines Fußes *r* auf einer Grundplatte *s* befestigt (s. Abb. 144). Auf dieser ist andererseits ein kleines Holzbrett *t* aufgeschraubt, welches mit dem Kopfhörer verbunden ist. Die Anbringung dieses Fernhörers an das Brett *t* muß so geschehen, daß die Mitte der Membran des Hörers *u* der Mitte der Papiermembran genau gegenübersteht (s. Abb. 144 und 145).

Sobald dies erfolgt ist, wird die Kupplung zwischen dem Hörer und der Papiermembran hergestellt. Dieses wird dadurch bewirkt, daß man in die Mitte der Papiermembran einen kleinen Tropfen Siegellack, Elementvergußmasse oder dgl. anbringt, in welchen man vor dem Erkalten z. B. ein Streichhölzchen *v* eindrückt, das andererseits auf die Membran des Hörers *u* aufgeklebt wird. Man kann auch ein kleines Drahtstückchen verwenden, welches auf die Membran *u* aufgelötet wird. Indessen ist Vorsicht geboten, damit nicht durch das Löten bzw. die zu hohe Temperatur beim Lötprozeß die Elastizität des Hörers *u* Schaden leidet.

Die Herstellungskosten eines derartigen Lautsprechers betragen etwa M. 8.—.

B. Anfertigung eines Trichterlautsprechers.

Einen recht guten Schalltrichter, sofern man einen solchen benutzen will, kann man sich dadurch herstellen, daß man eine Anzahl von aus festem Papier hergestellten Tüten mit gut flüssigem Leim tränkt, sie gut austrocknen läßt und alsdann ineinander steckt. Es empfiehlt sich alsdann, das so entstandene Gebilde mit Isolierband fest zu umwickeln und zu lackieren. Man erhält auf diese Weise einen den akustischen Anforderungen sehr gut entsprechenden Trichter.

Dieser so hergestellte Trichter wird nun mit der Schalldose (siehe oben) verbunden, zu welchem Zweck entweder eine der Ausführungsformen dieses Kapitels gewählt werden kann oder, wenn man ganz primitiv aber technisch durchaus brauchbar vorgehen will, indem man beide Teile durch Isolierband (beim Wickeln straff anziehen!!) miteinander verbindet.

C. Anfertigung eines Lautsprechers nach dem Trichter-Reflexionsprinzip.

Von einem Amateur der Ortsgruppe Cottbus (Korreng in Kolkwitz) des Deutschen Radioclubs e. V. ist ein Lautsprecher gemäß Abb. 146 ausgeführt worden, welcher auch auf der Aus-

Abb. 146. Selbstgebauter Lautsprecher eines Radioamateurs der Ortsgruppe Cottbus des Deutschen Radioclubs e. V.

stellung der Ortsgruppe am 7. Juni 1925 in Cottbus mit bestem Erfolg vorgeführt wurde.

In dem den Fuß des Lautsprechers bildenden Holzkasten ist unter dem Feldtelephon ein größerer Hufeisenmagnet zur Verstärkung des Magnetfeldes eingebaut. Auf die Schalldose ist ein Trichterfuß aufgesetzt, welcher zusammen mit dem darüber gestülpten großen konischen Trichter die Reflexionswirkung ergibt.

D. Anfertigung eines Reflexions-Trichter-Lautsprechers.

Eine recht gute Schallwirkung kann, wie schon oben ausgeführt, nach dem akustischen Reflexionsprinzip in Verbindung mit einer Trichterwirkung erreicht werden. Zu diesem Zweck ist es eigentlich nur erforderlich, zwei Trichter ineinander anzuordnen und mit dem inneren Trichter die Schalldose des Lautsprechers zu verbinden. Nun kommt es aber auf das Material an, aus welchem die Trichter hergestellt werden. Es soll dies ein Material sein, welches möglichst keine besonders hervortretenden Eigenschwingungen besitzt. Metalle, wie z. B. Zink oder Alumi-

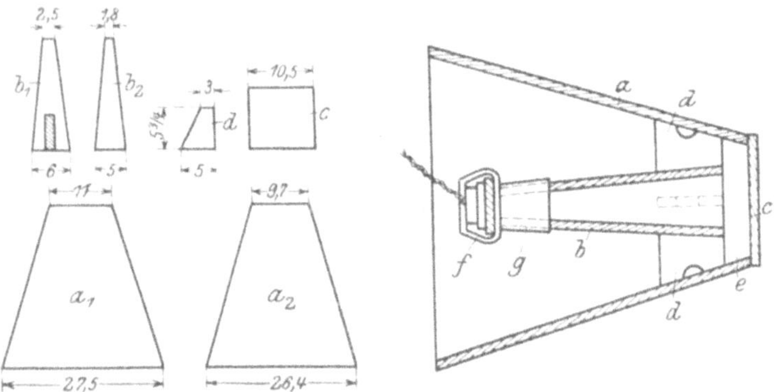

Abb. 147. Holzbrettchen für den Reflexions-Trichter-Lautsprecher.

Abb. 148. Zusammengebauter Reflexions-Trichter-Lautsprecher.

nium, in genügender Wandstärke ergeben recht gute Resultate. Man kann aber auch, und dieses kommt für den Bastler in erster Linie in Betracht, als Trichtermaterial Holz verwenden. Insbesondere kommt Ahornholz oder Rotbuche in Betracht, welche Holzarten in geringer Stärke z. B. für Laubsägearbeiten in den meisten Eisenwarenhandlungen käuflich zu haben ist.

Unter Zugrundelegung derartigen Materials werden gemäß Fig. 147 für den äußeren Trichter 4 trapezförmige Stücke geschnitten gemäß den Abbildungen a_1 und a_2; diese werden zusammengeleimt, etwa mit Kaltleim oder Syndetikon. Auf dieselben kommt oben als Abschluß das quadratische Brett *c*.

Der äußere Trichter ist damit fertig.

Für den inneren, erheblich kleineren Trichter, welcher schlanker geformt sein soll, werden 4 trapezförmige Holzstückchen entsprechend b_1 und b_2 geschnitten. Auch diese werden, wie angegeben, zusammengeleimt, so daß sie einen Trichter ergeben.

Nunmehr muß der innere Trichter in dem äußeren Trichter befestigt werden. Dies geschieht mittels 4 Holzstückchen *d*, welche alle die gleiche Formgebung aufweisen. Sie werden, wie angegeben, an den Außenwandungen des Innentrichters angeleimt und — wenn das Ganze getrocknet ist — wird unter leichtem Druck der Innentrichter mittels der Brettchen *d* in den Außentrichter eingeleimt. Der verbleibende Hohlraum *c* darf nicht zu klein sein, da sonst eine zu starke Drosselung der aus dem Trichter *b* herauskommenden Schallwellen ausgeübt wird.

Es kommt nunmehr nur noch darauf an, den inneren Schalltrichter *b* mit der Schalldose zu verbinden. Zweckmäßig wählt man eine Schalldose, welche eine möglichst große Amplitude erzeugt. Im übrigen wird die Schalldose z. B. mittels einem leicht aus einem Metallband herzustellenden Bügel *f* mit dem Trichter *b* verbunden, welcher mit einer Kappe *g* in seinem unteren Ende ausgerüstet sein kann.

Man kann aber auch bei einfacherer Ausführung die Schalldose mittels Isolierbandes mit dem Trichter *b* verbinden. Die Hauptsache ist, daß die Verbindung so fest geschieht, daß nicht etwa ein Klirren eintreten kann.

Selbstverständlich dürfen die Innenwandungen der Trichter und des Brettes *c* keine Unebenheiten aufweisen. Eine Abschmirgelung vor dem Zusammenbau ist daher notwendig. Im übrigen werden zweckmäßig die Trichter außen und innen mit einem Isolierlack bestrichen, um eine möglichst glatte Oberfläche zu gewährleisten. Der Außentrichter kann außerdem außen noch mit einem Kattunüberzug oder dgl. versehen werden. Auch ein Abschluß der Öffnung des großen Trichters durch Gaze oder Seide ist unter Umständen vorteilhaft, um eine gleichmäßigere Tonwirkung zu erzielen.

22. Kraftverstärkung.

Um einen guten Kraftverstärkerbetrieb zu erhalten, ist die Berücksichtigung aller Gesichtspunkte, welche für die Verstärkung gelten, wesentlich. Insbesondere ist auch auf die einwandsfreie Ausführung der Niederfrequenztransformatoren Wert zu legen. Scheibenwicklung der Spulen ist unbedingt erforderlich. Zweckmäßig ist es, diese Scheiben einzeln in Staniol zu wickeln, und schmale Luftspalte zu lassen. Die Verwendung von alten Transformatoren, von Löschfunkensendern, kommt hierbei durchaus in Betracht.

Im übrigen ist es notwendig, sich von vornherein darüber klar zu sein, daß die gewöhnlichen Empfänger-Verstärkerröhren wohl dazu ausreichen können, einen Lautsprecher für einen kleineren Raum zu betreiben, daß sie hingegen für Saal-Lautsprecher nicht genügen. Die von einer normalen Röhre gelieferte Anodenstromstärke beträgt etwa 0,0005 Ampere. Sparröhren der Thoriumtype geben allerdings einen größeren Strom her und zwar etwa 0,01 Ampere. Für einen Saal-Lautsprecher sind aber erheblich größere Stromstärken, etwa über das Doppelte erforderlich, zu welchem Zweck unbedingt kleine Senderöhren oder besser noch spezielle für Lautsprecherbetrieb gebaute Kraftverstärkerröhren benutzt werden. Mit diesen ist es ohne weiteres möglich, im geradlinigen Teil der Charakteristik zu arbeiten, so daß Verzerrungen vermieden werden können. Viele Mißerfolge bei Saal-Lautsprechern sind auf zu kleine Verstärkerröhren zurückzuführen, welche überlastet sind und bei denen jenseits des Knies der Charakteristik gearbeitet wurde.

A. Zweitakt-Verstärkerschaltungen.

Am geeignetsten sind für den Kraftverstärkerbetrieb nach den bisherigen Erfahrungen die sog. Zweitaktschaltungen, bei welchen zwei Röhren benutzt werden, derart, daß der Anodenstrom der einen Röhre abnimmt, wenn der der andern zunimmt.

Eine solche Zweitaktschaltung ist in dem Schaltungsschema gemäß Abb. 149 von F. Ehrenfeld wiedergegeben. Es werden benutzt 2 Kraftverstärkerröhren *f* und *g*, in möglichst genau gleicher Ausführung parallel geschaltet, welche beispielsweise von einer 6-Voltbatterie *h* geheizt werden. Die negative Gittervorspannung wird durch die Vorspannungsbatterie *i* von 9 Volt geliefert. Als Anodenbatterie *k* dient eine solche von 120 Volt.

Diese Röhrenanordnung erhält vom Empfänger l aus die Empfangsenergie über zwei Niederfrequenztransformatoren *m*, welche gemäß der Abb. 149 geschaltet sind. Das Übersetzungsverhältnis derselben ist je 1 : 6. Die hochtransformierte, durch die Vor-

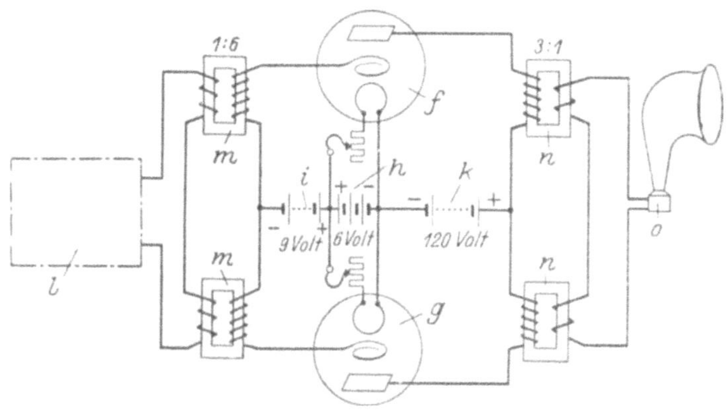

Abb. 149. Kraftverstärkerschaltung von F. Ehrenfeld.

spannungsbatterie negativ gemachte Spannung wird an die Gitterelektroden der Röhren *f* und *g* geleitet. Der entsprechend verstärkte Anodenstrom, welcher im Rhythmus der vom Empfänger zugeführten Schwingungen moduliert ist, wird den mit hoher Windungszahl versehenen Spulen der Ausgangstransformatoren *n* zugeführt. Diese besitzen ein Übersetzungsverhältnis von je 3 : 1. In die Primärwicklungen dieser Transformatoren ist der Lautsprecher *o* geschaltet.

Material für vorstehenden Kraftverstärker:

2 Kraftverstarkerröhren tunlichst gleicher Ausfuhrung und Charakteristik nebst Röhrensockeln,
2 Heizwiderstände,
2 eisengekapselte Niederfrequenztransformatoren 1 : 6,
2 eisengekapselte Niederfrequenztransformatoren 3 : 1,
1 Hartgummiplatte nebst Klemmen, Anschlußkontakten und Schnüren,
1 Heizbatterie 6 Volt,
1 Vorspannbatterie 9 Volt,
2 Anodenbatterien je 60 Volt.

Im übrigen ist es günstig, bei Kraftverstärkern mit Dämpfungswiderständen zu arbeiten, welche parallel zum Gitterkreis geschaltet werden. Nach O. Kappelmayer verwendet man am besten Silitstäbe, die auf 1000, 3000, 5000 und 10000 Ohm abgeglichen sind und durch einen Wahlschalter zu- bzw. abgeschaltet werden können. Hierdurch wird die Klarheit der Sprache bewirkt und allzu große Überempfindlichkeit vermieden.

B. Zweirohr-Kraftverstärkerschaltung.

Eine weitere Schaltung für Kraftverstärkerbetrieb ist in Abb. 150 wiedergegeben.

In Frage kommen nur gut geschlossene Hochfrequenztransformatoren in Scheibenwicklung, am besten Igeltransformatoren.

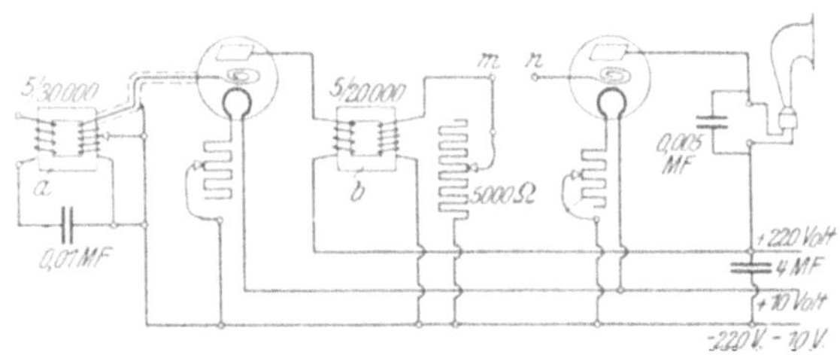

Abb. 150. Normale Zweirohr-Kraftverstärkerschaltung für größere Lautsprecher.

Die Übersetzungsverhältnisse sind nicht kritisch. Wichtig ist jedoch, daß beide Übertrager primär genügend Amperewindungen besitzen. So ist z. B. zweckmäßig das Verhältnis 1:4 d. h. 7000: 28000 oder besser noch 4000 : 16000. Die Gitterzuleitungen sollen möglichst kurz und evtl. in Staniolschutz verlegt sein.

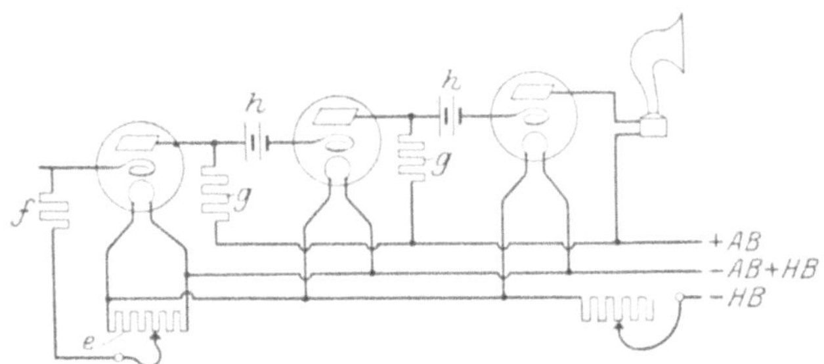

Abb. 151. Widerstandsgekoppelter Kraftverstärker.

Der an die Klemme *m* angeschlossene Dämpfungswiderstand ist ein solcher von 5000 Ohm. Er hat die Funktion eines kleinen Potentiometers, und es soll sein Widerstand mindestens so groß sein wie der der Primärspule des Transformators *b*. Besser ist es, wenn sein Widerstand etwas größer ist; man kann große Silitstäbe mit Schleifkontakten verwenden. (Vorsicht: gute Kontakte!)

Bei den Klemmen *m*, *n* können entweder 2—4 Vorspannungselemente oder ein 1000 cm-Drehkondensator mit parallel geschaltetem Silitwiderstand oder auch eine Batterie mit Potentiometer angeschaltet werden. In besonderen Fallen kann in die Klemmen auch ein Kurzschlußstecker eingestöpselt werden.

C. Widerstandsgekoppelter Kraftverstärker.

Schließlich stellt Abb. 151 noch einen aperiodischen widerstandsgekoppelten Kraftverstärker dar, welcher gemäß den eingetragenen Bezeichnungen klar sein dürfte.

Es werden hierfür gebraucht:

3 Kraftverstärkerröhren nebst Rohrensockeln,
1 Heizwiderstand,
1 Potentiometerwiderstand *e* von etwa 400 Ohm,
1 Silitwiderstand *f* ca. 75000 Ohm,
2 Silitwiderstände *g*.
2 Vorspannbatterien *h* bis zu etwa 40 Volt,
1 Heizbatterie,
1 Anodenbatterie zu den benutzten Röhren passend.

D. Kraftverstärker-Anordnung von R. Ettenreich.

Das Schaltungsschema für eine zweistufige Niederfrequenzverstärkung, welche namentlich für Lautsprecherbetrieb in Betracht kommt, gibt Abb. 152 wieder. Hierbei wird, wenn die negative Gittervorspannung des zweiten Rohres genügend groß ist, eine recht reine und laute Schallwiedergabe erzielt. Hierdurch wird auch erreicht, daß die Gitterstromverluste, namentlich im zweiten Rohr, nicht allzu groß werden. Da indessen durch eine große negative Vorspannung die Charakteristik zu weit nach rechts verschoben werden könnte, ist eine entsprechende Erhöhung

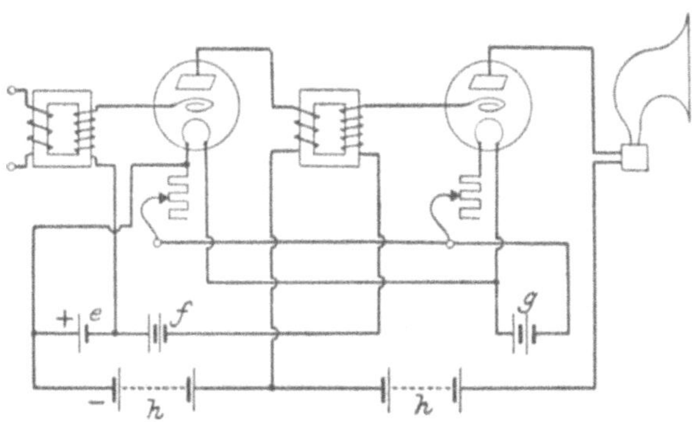

Abb. 152. Kraftverstärkerschaltung nach R. Ettenreich.

der Anodenspannung erforderlich. Aus diesem Grunde sind in dem Schaltungsschema zwei gesonderte Anodenbatterien vorgesehen. An sich wäre es natürlich möglich, für beide Stufen die große Vorspannung und die hohe Anodenspannung zu benutzen. Es würde indessen hierdurch leicht ein Selbsttönen der Anordnung eintreten können. Im übrigen kann die Anordnung an jeden vorhandenen Empfänger ohne weiteres angeschaltet werden.

Materialbedarf:

2 Kraftverstärkerröhren, z. B. Schrack SV_9,
2 Heizwiderstände,
2 Niederfrequenztransformatoren (Push-Pull-Transformatoren),
1 Lautsprecher,
1 Batterie (*e*) = 1,4 Volt,
1 „ (*f*) = 2,8 Volt,
1 „ (*g*) = 4 Volt,
2 „ (*h*) = je 100 Volt.

E. Kraftverstärkerschaltung von Magnavox.

Das Schema für eine gut durchgebildete Kraftverstärkerschaltung von Magnavox für den von dieser Firma ausgebildeten Reiselautsprecher (siehe S. 89) zeigt Abb. 153. Als Gittervorspannung dient bei dieser Anordnung eine Batterie von 30 Volt. Für das Anodenfeld wird die verhältnismäßig hohe Spannung von 300 Volt verwendet. Der Kraftverstärker arbeitet mit drei Röhren, wobei die Anordnung so getroffen ist, daß wahlweise die eine oder andere Verstärkerstufe mittels der aus der Abbildung erkennbaren Schalter zu- oder abgeschaltet werden kann.

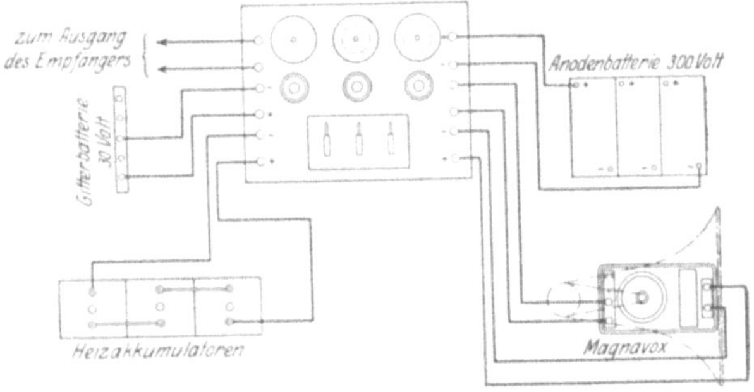

Abb. 153. Kraftverstärkeranordnung von Magnavox.

F. Kraftverstärkerschaltung der Sterling-Co., London.

Die von Sterling angegebene Kraftverstärkerschaltung gemäß Abb. 154 benutzt für zwei Verstärkerröhren eine Gittervorspannungsbatterie von 36 Volt, eine Heizbatterie von 6 Volt und für das Anodenfeld eine Batterie von 300 Volt. Die Anordnung ist ferner, wie die Abbildung zeigt, so getroffen, daß entweder nur mit einer Verstärkerstufe oder aber mit beiden hintereinander gearbeitet werden kann. In der Abbildung sind sämtliche für den Betrieb erforderlichen Verbindungsleitungen und Einzelteile wiedergegeben mit Ausnahme der Felderregung für den Lautsprecher.

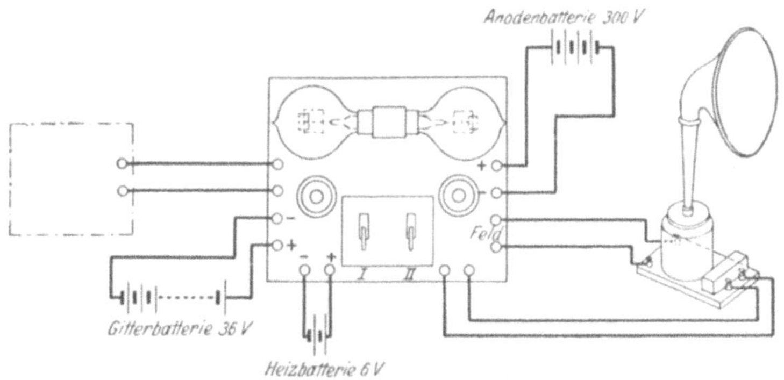

Abb. 154. Kraftverstärkeranordnung der Sterling Co., London.

G. Kraftverstärker der Bristol-Co., Waterbury, Conn.

In vielen Fällen wird eine einstufige Kraftverstärkung für den Lautsprecherbetrieb ausreichend sein.

Das Äußere des einstufigen Kraftverstärkers der Bristol-Co. zeigt Abb. 155. Die Klemmen links werden mit dem Empfangsapparat bzw. Vorverstärker verbunden, die Klemmen rechts dienen für den Anschluß des Lautsprechers.

H. Kraftverstärker-Lautsprecher der Western Electric Co.

In umfangreicher Weise wurden bei der Eröffnung der großen Ausstellung in Wembley, Frühjahr 1924, Großlautsprecheranordnungen der Western Electric benutzt. Eine derselben ist in Abb. 156 wiedergegeben. An einem rasch aufzurichtenden Mast sind die Megaphone angeordnet.

Abb. 155. Ausführung des Kraftverstärkers der Bristol Co., Waterbury, Conn.

Abb. 156. Kraftverstärker-Lautsprecher bei der Eröffnung der Wembleypark-Ausstellung 1924. Wiedergabe der Ansprache des Königs an die Volksmenge.

Betrieben werden dieselben durch einen Kraftverstärker, dessen Anordnung Abb. 157 zeigt. Das Schaltungsschema dürfte im wesentlichen der Anordnung von Abb. 154 entsprechen.

Abb. 157. Kraftverstärkeranlage fur den Lautsprecher Wembley 1924.

J. Push-Pull-Reflexschaltungen.

Im allgemeinen wird es von Nachteil sein, wenn man hinter der Reflexröhre noch einen besonderen Niederfrequenzverstärker benutzt, da hierdurch die in der Apparatur auftretenden Verzerrungen noch weiterhin verstärkt werden. Gewöhnlich wird es zweckmäßiger sein, eine von P. Adorján (1925) angegebene Push-Pull-Reflexschaltung zu benutzen, bei welcher eine weitere Verstärkungsröhre parallel zur Reflexröhre unter Benutzung eines Push-Pull-Transformators geschaltet wird.

Mit Rüchsicht auf die mancherlei Betriebsschwierigkeiten und Störungen soll hier auf diejenigen Reflexschaltungen nicht eingegangen werden, bei welchen ein Kristalldetektor benutzt wird. Vielmehr ist bei den beiden nachstehenden Anordnungen an Stelle des Kristalldetektors stets eine weitere Röhre verwendet.

Bei der Anordnung gemäß Abb. 158 ist im Anodenkreis der als Detektor wirkenden Röhre ein Schwingungskreis eingeschaltet, welcher auf die Empfangswelle abgestimmt ist. Unter Umständen kann es zweckmäßig sein, die diesem Kreise angehörende Spule L_6 mit der Antennenspule L_1 rückzukoppeln, da möglicherweise das Selbstschwingen des Kreises sonst nicht eintritt.

Die Anordnungen L_2, L_3 und L_4, L_5 sind normale Hochfrequenztransformatoren, wobei es ausreichend ist, wenn lediglich die Primärwicklung abgestimmt wird. Gegebenenfalls kann jedoch,

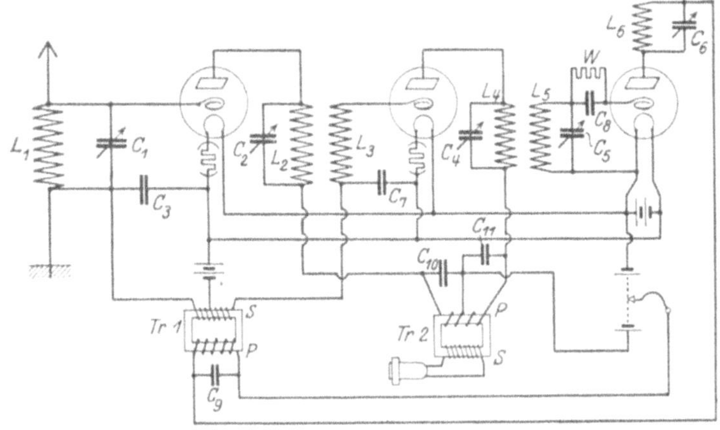

Abb. 158. Push-Pull-Reflexschaltung nach P. Adorján.

wie dies in der Abbildung für den zweiten Transformator auch zum Ausdruck gebracht ist, auch die Sekundärspule abgestimmt werden.

Materialbedarf:

Drehkondensator	C_1	Maximalkapazität	500 cm,
,,	C_2	,,	250 ,,
Festkondensator	C_3	,,	300 ,,
Drehkondensator	C_4	,,	250 ,,
,,	C_5 u. C_6	,,	je 250—500 cm
Festkondensator	C_7	,,	300 cm
,,	C_8	,,	250 ,,
,,	C_9	,,	1000 ,,
,,	C_{10} u. C_{11}	,,	je 300—1500 cm

Gitterableitungswiderstand W 1—2 Megohm,

Hochfrequenztransformator L_2, L_3 und L_4, L_5 entsprechend den benutzten Wellenlängen,

Push-Pull-Eingangs- bzw. Ausgangstransformator Tr 1 und Tr 2.

Bei dem Push-Pull-Reflexempfanger gemaß Abb. 159 ist die Anordnung als Superheterodyne nach P. Adorján kombiniert. Hierbei arbeitet die erste links in der Abbildung erkennbare Röhre

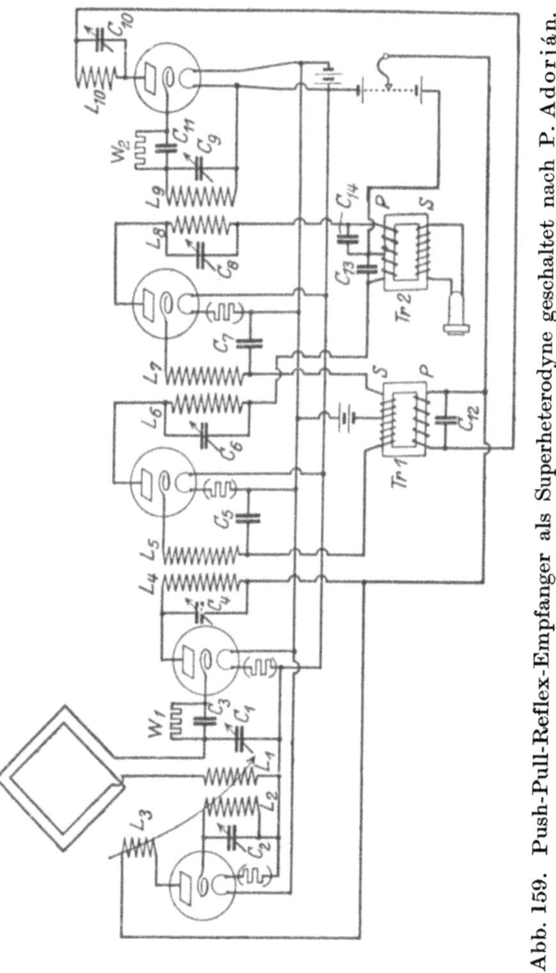

Abb. 159. Push-Pull-Reflex-Empfanger als Superheterodyne geschaltet nach P. Adorján.

als Sender, die nächste Röhre (rechts) als Detektor, die dritte und vierte Röhre sind in Push-Pull-Reflexschaltung angeordnet und die fünfte Röhre (rechts) arbeitet als zweiter Detektor.

Beim Aufbau soll eine Rückkopplung von den Spulen L_3 auf L_2 und L_1 vorhanden sein. Hingegen soll zwischen der Spule L_{10}

und L_9 möglichst jede Kopplung vermieden sein. Es ist bei dieser Schaltung ebenso wie bei der vorstehenden darauf zu achten, daß im geradlinigen Teil der Röhrencharakteristik gearbeitet wird.

Materialbedarf:

Drehkondensatoren	C_1 u. C_2	Maximalkapazität	je 500 cm
Festkondensator	C_3	,,	250 ,,
Drehkondensator	C_4	,,	250 ,,
Festkondensator	C_5	,,	300 ,,
Drehkondensator	C_6	,,	250 ,,
Festkondensator	C_7	,,	300 ,,
Drehkondensator	C_8	,,	250 ,,
,,	C_9 u. C_{10}	,,	je 250 ,,
Festkondensator	C_{11}	,,	1000 ,,
,,	C_{12}	,,	1000 ,,
,,	C_{13} u. C_{14}	,,	je 500—1500 cm

Gitterableitungswiderstände 1—2 Megohm,
Push-Pull-Eingangs- bzw. Ausgangstransformatoren Tr 1 und Tr 2.

23. Räumlicher Sprach- und Musikempfang.

Die für das Ohr fremde Lautwirkung, insbesondere durch den Lautsprecher, rührt nicht nur von einer selbstverständlich kaum zu vermeidenden Verzerrung der Sprache durch das Aufnahmemikrophon und Umformung im Empfängerverstärker her, wodurch einerseits gewisse Verzerrungen selbst bei der besten Apparatur hineinkommen, andererseits gewisse Resonanzlagen des akustischen Bereiches besonders hervorgehoben werden, während andere zu sehr zurücktreten, sondern sie kommt von der gleichsam flächenhaften Lautwiedergabe des Lautsprechers. Dem Ohr geht gleichsam die Lautperspektive verloren, welche ein körperliches Sprach- oder Musikorgan in jedem Raume hervorbringt, und welche auf das innigste durch die Tonbrechung an den Wänden durch Interfrequenzerscheinungen im Raume und dergleichen unterstützt wird. Jeder Konzert- oder Opernbesucher kennt diese Erscheinung mindestens gewohnheitsmäßig ganz genau, und es ist ja auch bekannt, daß gewisse Konzerträume insbesondere für symphonische Darbietungen geeigneter sind als andere, deren Formgebung und Ausstattung eine andere ist.

Die Tatsache, daß von einer mehr oder weniger kleinen Membran aus, namentlich beim Saal-Lautsprecher, ein immerhin größerer Raum mit Musik oder Sprache gefüllt wird, läßt diese Erscheinung der flächenhaften Lautübertragung und Lautwiedergabe besonders unangenehm in die Erscheinung treten. Die häufig grammophonartige Wirkung der R.T.-Darbietungen im Empfang rührt bei guten, sorgfältig abgeglichenen Apparaten viel weniger von diesen oder vom Sender her, als vielmehr von der flächenhaften Schallabgabe her.

Es gibt ein verhältnismäßig einfaches Mittel, um die Schallwiedergabe natürlicher zu gestalten und sie mehr den sonst üblichen Sprach- und Musikdarbietungen anzupassen. Dies geschieht dadurch, daß an Stelle eines Lautsprechers deren mehrere verwendet werden, wobei deren Abstand keineswegs allzu groß gewählt zu werden braucht. Es genügt schon, daß die Lautsprecher in einem Abstand von etwa 2—3 m voneinander aufgestellt werden.

Recht gute Resultate können z. B. dadurch erreicht werden, daß man einen trichterlosen Lautsprecher etwa von der Brown- oder Seibt-Type mit einem Trichterlautsprecher kombiniert, wobei allerdings darauf Rücksicht zu nehmen ist, daß die elektrische Ausführung der Apparate keine allzu verschiedene sein darf.

Der Vollständigkeit halber sei darauf hingewiesen, daß das Telegraphentechnische Reichsamt in Berlin nach verschiedenen Richtungen hin Versuche angestellt hat, um einen sog. stereoakustischen Rundfunkempfang herbeizuführen. Es wurde beispielsweise dasselbe Programm gleichzeitig vom Voxsender in Berlin und von Königswusterhausen auf einer andern Welle gegeben, wobei bei Benutzung von Doppelkopfhörern jede Schalldose mit einem der beiden auf die verschiedenen Wellen abgestimmten Empfänger verbunden war. Dieses könnte selbstverständlich auch auf einen Betrieb mit zwei getrennten Lautsprechern ausgedehnt werden, und es wäre möglich, daß sich hierbei eine günstigere räumliche Empfangswirkung ergeben könnte.

Wahrscheinlich gibt es noch andere Wege, auf denen man zu besseren Resultaten gelangen kann, und welche insbesondere die Benutzung eines zweiten Lautsprechers unnötig machen. Die auch vorgeschlagene Kombination eines Lautsprechers mit Doppelkopfhörern erscheint nicht sehr günstig, da die physiologischen Wirkungen, die beim gleichzeitigen Anhören dieser beiden völlig verschiedenen Wiedergabeapparate in Betracht kommen, einen Erfolg nicht gewährleisten. Auch ist die günstige Einstellung mit dem hierbei notwendigen Parallelwiderstand am Telephon nicht ganz einfach.

Druck von Oscar Brandstetter in Leipzig.

Modell A

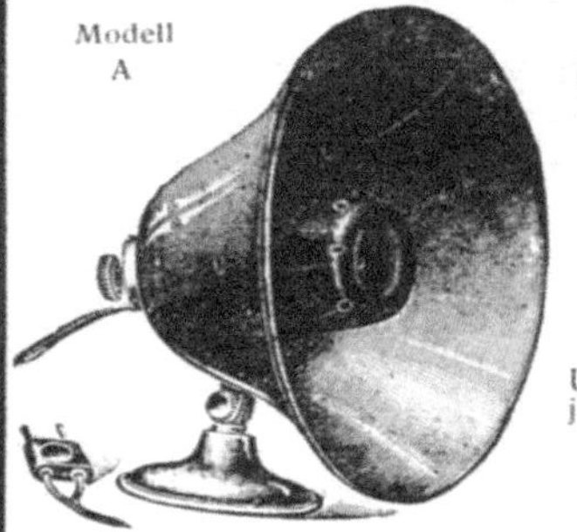

Original „MERZ"

ist besser als der beste

aller bekannten Lautsprecher

Patente in allen Kulturstaaten angemeldet

Das Produkt wissenschaftlicher Arbeit

Unvergleichlich klangreine u. absolut naturgetreue Wiedergabe jeder Instrumentalmusik wie auch der menschlichen Stimme

Der Original-Merz wird in 2 Ausführungen geliefert
Ausführung A mit Glockentrichter
Ausführung B mit Schwanenhalstrichter

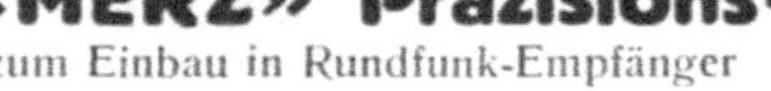

Ladenpreis des kompletten Apparates M. 60,— für beide Ausführungen

«MERZ» Präzisions-Drehkondensatoren

zum Einbau in Rundfunk-Empfänger

Feineinsteller

mit Wirkung auf den Drehknopf

D. R. P. und Ausl.-Pat. ang.

Für alle Systeme verwendbar. — Nachträglich an jeden Apparat bequem anzubringen

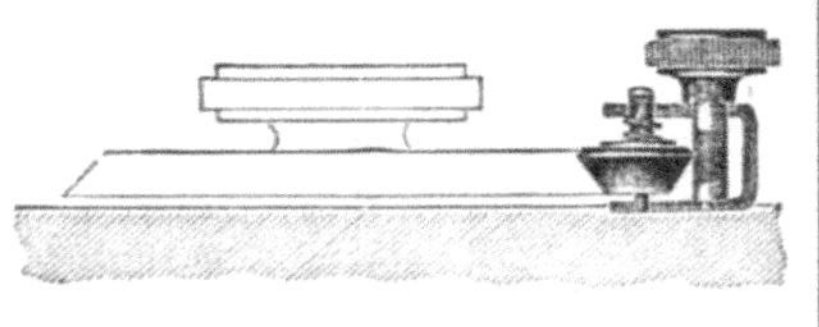

MERZ-WERKE, FRANKFURT a. M.-R. 5

Bibliothek des Radio-Amateurs. Herausgegeben von Dr. **Eugen Nesper.**

1. Band: **Meßtechnik für Radio-Amateure.** Von Dr. **Eugen Nesper.** Dritte Auflage. Mit 48 Textabbildungen. (56 S.) 1925. 0.90 Goldmark
2. Band: **Die physikalischen Grundlagen der Radiotechnik.** Von Dr. **Wilhelm Spreen.** Dritte, verbesserte und vermehrte Auflage. Mit 127 Textabbildungen. (162 S.) 1925. 2.70 Goldmark
3. Band: **Schaltungsbuch für Radio-Amateure.** Von **Karl Treyse.** Neudruck der zweiten, vervollständigten Auflage. (19.—23. Tausend.) Mit 141 Textabbildungen. (64 S.) 1925. 1.20 Goldmark
4. Band: **Die Röhre und ihre Anwendung.** Von **Hellmuth C. Riepka,** zweiter Vorsitzender des Deutschen Radio-Clubs. Zweite, vermehrte Auflage. Mit 134 Textabbildungen. (111 S.) 1925. 1.80 Goldmark
5. Band: **Praktischer Rahmen-Empfang.** Von Ing. **Max Baumgart.** Zweite, vermehrte und verbesserte Auflage. Mit 51 Textabbildungen. (82 S.) 1925. 1.80 Goldmark
6. Band: **Stromquellen für den Röhrenempfang** (Batterien und Akkumulatoren). Von Dr. **Wilhelm Spreen.** Mit 61 Textabbildungen. (72 S.) 1924. 1.50 Goldmark
7. Band: **Wie baue ich einen einfachen Detektor-Empfänger!** Von Dr. **Eugen Nesper.** Mit 30 Abbildungen im Text und auf einer Tafel. Zweite Auflage. (61 S.) 1925. 1.35 Goldmark
8. Band: **Nomographische Tafeln** für den Gebrauch in der Radiotechnik. Von Dr. **Ludwig Bergmann.** Mit 47 Textabbildungen und zwei Tafeln. Zweite Auflage. Erscheint im Herbst 1925.
9. Band: **Der Neutrodyne-Empfänger.** Von Dr. **Rosa Horsky.** Mit 57 Textabbildungen. (53 S.) 1925. 1.50 Goldmark
10. Band: **Wie lernt man morsen?** Von Studienrat **Julius Albrecht.** Mit 7 Textabbildungen. Zweite Auflage. (42 S.) 1925. 1.35 Goldmark
11. Band: **Der Niederfrequenz-Verstärker.** Von Ing. **O. Kappelmayer.** Zweite, verbesserte Auflage. Mit 57 Textabbildungen. (112 S.) 1925. 1.80 Goldmark
12. Band: **Formeln und Tabellen** aus dem Gebiete der Funktechnik. Von Dr. **Wilhelm Spreen.** Mit 34 Textabbildungen. (76 S.) 1925. 1.65 Goldmark
13. Band: **Wie baue ich einen einfachen Röhrenempfänger?** Von **Karl Treyse.** Mit 28 Textabbildungen. (55 S.) 1925. 1.35 Goldmark
15. Band: **Innen-Antenne und Rahmen-Antenne.** Von Dipl.-Ing. **Friedrich Dietsche.** Mit 25 Textabbildungen. (65 S.) 1925. 1.35 Goldmark
16. Band: **Baumaterialien für Radio-Amateure.** Von **Felix Cremers.** Mit 10 Textabbildungen. (101 S.) 1925. 1.80 Goldmark

Radio-Schnelltelegraphie. Von Dr. **Eugen Nesper.** Mit 108 Abbildungen. (132 S.) 1922. 4.50 Goldmark

---

Elementares Handbuch über drahtlose Vakuum-Röhren. Von **John Scott Taggart,** Mitglied des Physikalischen Institutes London. Ins Deutsche übersetzt nach der vierten, durchgesehenen englischen Auflage von Dipl.-Ing. Dr. **Eugen Nesper** und Dr. **Siegmund Loewe.** Mit etwa 140 Abbildungen im Text. Erscheint im Sommer 1925.

Grundversuche mit Detektor und Röhre. Von Dr. **Adolf Semiller,** Studienrat am Askanischen Gymnasium und Real-Gymnasium in Berlin. Mit 28 Textabbildungen. (50 S.) 1925. 2.10 Goldmark

---

Radiotelegraphisches Praktikum. Von Dr.-Ing. **H. Rein.** Dritte, umgearbeitete und vermehrte Auflage. Von Prof. Dr. **K. Wirtz,** Darmstadt. Mit 432 Textabbildungen und 7 Tafeln. (577 S.) 1921. Berichtigter Neudruck. 1922. Gebunden 20 Goldmark

---

Der Fernsprechverkehr als Massenerscheinung mit starken Schwankungen. Von Dr. **G. Rückle** und Dr.-Ing. **F. Lubberger.** Mit 19 Abbildungen im Text und auf einer Tafel. (155 S.) 1924. 11 Goldmark; gebunden 12 Goldmark

---

Drahtlose Telegraphie und Telephonie. Ein Leitfaden für Ingenieure und Studierende. Von **L. B. Turner,** Member of Academy, Member of Institution of Electrical Engineers. Ins Deutsche übersetzt von Dipl.-Ing. **W. Glitsch,** Assistent am Elektrotechnischen Institut der Techn. Hochschule Darmstadt. Mit 143 Textabbildungen. (230 S.) 1925. Gebunden 10.50 Goldmark

---

Englisch-Deutsches und Deutsch-Englisches Wörterbuch der Elektrischen Nachrichtentechnik. Von **O. Sattelberg,** im Telegraphischen Reichsamt Berlin.

Erster Teil: Englisch-Deutsch. (292 S.) 1925. Gebunden 9 Goldmark
Zweiter Teil: Deutsch-Englisch. Erscheint im Oktober 1925